贾东　主编　建筑营造体系研究系列丛书

京冀驿站聚落空间之建筑营造

刘莹　贾东　著

中国建筑工业出版社

图书在版编目（CIP）数据

京冀驿站聚落空间之建筑营造／刘莹，贾东著.—北京：中国建筑工业出版社，2019.9

（建筑营造体系研究系列丛书）

ISBN 978-7-112-24087-6

Ⅰ.①京… Ⅱ.①刘… ②贾… Ⅲ.①乡村地理-聚落地理-建筑设计-研究-华北地区 Ⅳ.①TU982.292

中国版本图书馆CIP数据核字（2019）第177468号

本书选择北京延庆榆林堡驿站和河北怀来鸡鸣驿的传统聚落空间为研究对象，试图从驿站功能入手，以聚落空间、院落空间和建筑单体空间的营造做法为研究重点，通过两大驿站聚落空间的横向对比，更全面的认识京冀驿站传统聚落的营造体系。经过多次到榆林堡和鸡鸣驿进行调研测绘、访谈调查和收集资料的传统研究方法，配合电脑建模和手工模型接近真实再现的研究手法，对驿站聚落及民居营造进行综合性研究，探索驿站这类非自然村落空间中存在的模数关系及传统营造技艺，本书适用于建筑学专业师生、从业人员及爱好者。

责任编辑：吴　佳　唐　旭　李东禧
责任校对：赵　颖

建筑营造体系研究系列丛书

贾东　主编

京冀驿站聚落空间之建筑营造

刘莹　贾东　著

＊

中国建筑工业出版社出版、发行（北京海淀三里河路9号）

各地新华书店、建筑书店经销

北京锋尚制版有限公司制版

北京中科印刷有限公司印刷

＊

开本：787×1092毫米　1/16　印张：11¼　字数：230千字

2019年12月第一版　2019年12月第一次印刷

定价：68.00元

ISBN 978-7-112-24087-6

（34136）

总　序

2012年的时候，北方工业大学建筑营造体系研究所成立了，似乎什么也没有，又似乎有一些学术积累，几个热心的老师、同学在一起，议论过自己设计一个标识。在2013年，"建筑与文化·认知与营造系列丛书"共9本付梓出版之际，我手绘了这个标识。

现在，以手绘的方式，把标识的涵义谈一下。

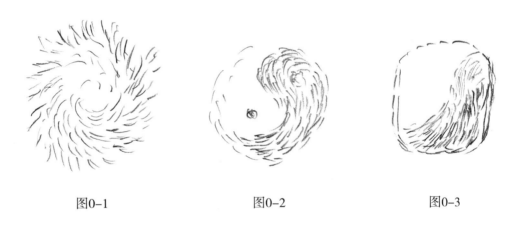

图0-1　　　　　　　　　图0-2　　　　　　　　　图0-3

图0-1：建筑的世界，首先是个物质的世界，在于存在。

混沌初开，万物自由。很多有趣的话题和严谨的学问，都爱从这儿讲起，并无差池，是个俗曰，却也好说话儿。无规矩，无形态，却又生机勃勃、色彩斑斓，金木水火土，向心而聚，又无穷发散。以此肇思，也不为过。

图0-2：建筑的世界，也是一个精神的世界，在于认识。

先人智慧，辩证大法。金木水火土，相生相克。中国的建筑，尤其是原材木构框架体系，成就斐然，辉煌无比，也或多或少与这种思维关系密切。

原材木构框架体系一词有些拗口，后撰文再叙。

图0-3：一个学术研究的标识，还是要遵循一些图案的原则。思绪纷飞，还是要理清思路，做一些逻辑思维。这儿有些沉淀，却不明朗。

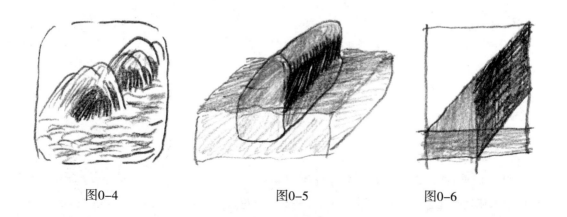

图0-4 图0-5 图0-6

图0-4：天水一色可分，大山矿藏有别。

图0-5：建筑学喜欢轴测，这是关键的一步。

把前边所说自然的大家熟知的我们的环境做一个概括的轴测，平静的、深蓝的大海，凸起而绿色的陆地，还有黑黝黝的矿藏。

图0-6：把轴测进一步抽象化图案化。

绿的木，蓝的水，黑的土。

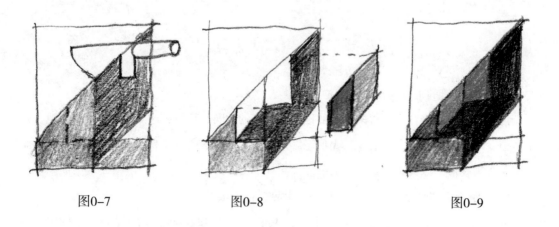

图0-7 图0-8 图0-9

图0-7：营造，是物质转化和重新组织。取木，取土，取水。

图0-8：营造，在物质转化和重新组织过程中，新质的出现。一个相似的斜面形体轴测出现了，这不仅是物质的。

图0-9：建筑营造体系，新的相似的斜面形体轴测反映在产生它的原质上，并构成新的五质。这是关键的一步。

五种颜色，五种原质：金黄（技术）、木绿（材料）、水蓝（环境）、火红（智慧）、土黑（宝藏）。

技术、材料、环境、智慧、宝藏，建筑营造体系的五大元素。

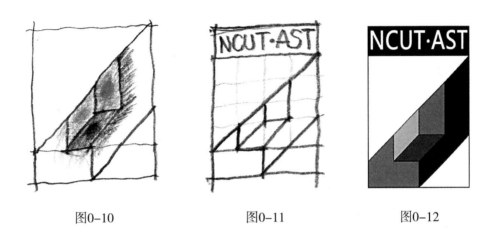

图0-10　　　　　　　　　图0-11　　　　　　　　　图0-12

图0-10：这张图局部涂色，重点在金黄（技术）、水蓝（环境）、火红（智慧），意在五大元素的此消彼长，而其人的营造行为意义重大。

图0-11：将标识的基本线条组织再次确定。轴测的型与型的轴测，标识的平面感。NCUT·AST就是北方工业大学/建筑/体系/技艺，也就是北方工业大学建筑营造体系研究。

图0-12：正式标识绘制。

NAST，是北方工大建筑营造研究的标识。

话题转而严肃。近年来，北方工大建筑营造研究逐步形成以下要义：

1. 把建筑既作为一种存在，又作为一种理想，既作为一种结果，更重视其过程及行为，重新认识建筑。

2. 从整体营造、材料组织、技术体系诸方面研究建筑存在；从营造的系统智慧、材料与环境的消长、关键技术的突破诸方面探寻建筑理想；以构造、建造、营造三个层面阐述建筑行为与结果，并把这个过程拓展对应过去、当今、未来三个时间；积极讨论更人性的、更环境的、可更新的建筑营造体系。

3. 高度重视纪实、描述、推演三种基本手段。并据此重申或提出五种基本研究方法：研读和分析资料；实地实物测绘；接近真实再现；新技术应用与分析；过程逻辑推理；在实践中修正。每一种研究方法都可以在严格要求质量的前提下具有积极意义，其成果，又可以作为再研究基础。

4. 从研究内容到方法、手段，鼓励对传统再认识，鼓励创新，主张现场实地研究，主张动手实做，去积极接近真实再现，去验证逻辑推理。

5. 教育、研究、实践相结合，建立有以上共识的和谐开放的体系，积极行动，潜心研究，积极应用，并在实践中不断学习提升。

"建筑营造体系研究系列丛书"立足于建筑学一级学科内建筑设计及其理论、建筑历史与理论、建筑技术科学等二级学科方向的深入研究，依托近年来北方工业大学建筑营造体系研究的实践成果，把研究聚焦在营造体系理论研究、聚落建筑营造和民居营造技术、公共空间营造和当代材料应用三个方向，这既是当今建筑学科研究的热点学术问题，也对相关学科的学术问题有所涉及，凝聚了对于建筑营造之理论、传统、地域、结构、构造材料、审美、城市、景观等诸方面的思考。

"建筑营造体系研究系列丛书"组织脉络清晰，聚焦集中，以实用性强为突出特色，清晰地阐述建筑营造体系研究的各个层面。丛书每一本书，各自研究对象明确，以各自的侧重点深入阐述，共同组成较为完整的营造研究体系。丛书每本具有独立作者、明确内容、可以各自独立成册，并具有密切内在联系因而组成系列。

感谢建筑营造体系研究的老师、同学与同路人，感谢中国建筑工业出版社的唐旭老师、李东禧老师和吴佳老师。

"建筑营造体系研究系列丛书"由北京市专项专业建设——建筑学（市级）（编号PXM2014_014212_000039）项目支持。在此一并致谢。

拙笔杂谈，多有谬误，诸君包涵，感谢大家。

贾　东
2016年于NAST北方工大建筑营造体系研究所

前　言

建筑学的研究丰富多彩。那么，什么是建筑学研究的核心内容呢？或许本书能给出若干合理答案中的一个。

本书的基本素材源自北方工业大学建筑学（0813）专业硕士学位论文《北京延庆榆林堡驿站传统聚落空间营造体系研究》，当时在读硕士研究生为本书第一作者刘莹；其指导教师贾东为本书第二作者。

本书前言的基本素材源自两部分，其一占篇幅较少，是当时为前述硕士学位论文所撰写的导师评语，时间为2016年5月；其二占篇幅较多，是2018年7月27日在贾东个人公众微信号"NAST建筑营造体系研究"上发表的"从三个问题看，三十年来，建筑学，得到的与失去的"短文。两部分素材在作为前言时都做了一些改动。

一、2016年5月导师对学位论文的学术评语

论文题目：

北京延庆榆林堡驿站传统聚落空间营造体系研究

导师评语：

刘莹同学的选题是一个有营造、建造、构造全过程研究意义的选题，这个选题的确定有一个过程。自2008年起，北方工业大学建筑营造体系研究团队（NAST）致力于以现场测绘为基础对传统民居的木构架体系进行营造、建造、构造三个层面的纪实阐述和过程分析，这项研究其地域多在云南丽江、湖南长沙、江苏同里进行，而北方地区一直缺乏一个深入的系统研究的案例。而刘莹同学的选题之地域，正在典型的北方地区，选题源于该同学某一课程作业，她写了自己的家乡北京延庆榆林堡。她交了作业，还想继续深入，继续做成硕士学位论文。

那一年秋天，导师带领王瑞峰、吴宇晨、刘莹三位同学到了榆林堡，通过现场调研，师生一起肯定了这是一个很好的选题，并进行了踏勘与访谈，形成研究框架：城堡、街道、院落、建筑、细部，营造体系研究的对象完整；布局规划、单体建造、节点构造，营造体系研

究的内涵清晰；北方地域、京张古道、驿站场所，营造体系研究的外延丰富。这个选题不仅弥补了团队近年来研究上的地域布局空白，而且有非常好的综合性与系统性，其营造研究的内涵与外延都极为丰富。

以上研究既有大量的案头资料阅读和分析，更有以踏实的现场踏勘、测绘、访谈为基础，作者是带着对家乡的热情去做的，并且严格遵循建筑学的研究方法。该论文的研究有三个特点：

其一，研究的系统性。该论文结构完整，脉络清晰，从榆林堡总体布局到双城建造、从街道体系到院落类型、从建筑建造到门窗细部，六个层次逐层展开，基本做到了有条不紊，且都有比较深入的研究。对于硕士论文而言，达到这样研究的系统性与全面性，是很难得的。

其二，遵循导师提出的接近真实再现的研究方法，进行了大比例的实物搭建研究，这是典型的研究型实验，并在从构造到建造与营造的递进研究中起到了关键作用。

其三，主动进行理论学习和师生交流，刻苦认真地进行了大量现场踏勘与测绘，并在此基础上，探索性地提出了院落、单体、局部多层次的模数与模块概念，并进行了对比验证。

学术研究并非简单的热情投入，但充满情感的研究意义非凡。

这篇硕士论文是对于榆林堡驿站传统聚落的全景式的田野调查报告；是包含城堡、街道、院落、建筑、木构、砖作、窗牖等内容的接近真实记录；是关于营造、建造、构造三个层面的系统研究，是一篇内涵丰富的学术论文。

同意参加硕士学位论文答辩，同意授予硕士学位，并推荐为优秀论文。

二、2018年7月27日微信公众号"NAST建筑营造体系研究"

作者：贾东

标题：从三个问题看，三十年来，建筑学，得到的与失去的

近年来，业内业外，对建筑学、建筑学专业、建筑设计、建筑师、建筑教育如何发展、怎样发展、能否发展，都有一些忧虑和反思，也有一些批评和批判。作者在此想谈三个问题，主要想面对我的学生的一些困惑，来梳理一下，近三十年来，建筑学，得到的与失去的，进而给我的学生们一些鼓励。

解释一下，为什么用"近三十年"这个时间的表述方式，其实很简单，我是1988年大学本科毕业的，从那时开始从事建筑设计，后来做了注册建筑师，再后来又教授建筑学，所以用了"近三十年"这个时间的表述方式。

第一个问题，钢筋混凝土时代的建筑师与平立剖

建筑是要形成空间的。而把许多工序简化，钢筋混凝土建筑在建造过程中，形成空间的基本的动作有三个：捆钢筋、支模板、浇筑混凝土。这三个动作在近三十年的专业分工里，是很清晰地归到结构工程里的，而建筑学要确定的，只是钢筋混凝土实体的外轮廓，进而用钢筋混凝土的实体作为界面与支撑，来达到自己的主要目的：形成空间。

而木构架建筑在建造过程中，形成空间的最基本的动作也可以归类为三个：做构件、立屋架、搭主体。这三个动作在近三十年的专业分工里，却是结构工程专业接不下，建筑学专业做不了。

对于绝大多数混凝土建筑而言，去掉混凝土结构之后的空间描述基本是几种纯粹的几何类型，以矩形空间为多。而对于绝大多数木构架建筑而言，情形就变得复杂得多，去掉木结构体系之后的空间形态空间变得不可描述。

木构架建筑之空间与结构更加一体化，是更难以分割的。

而近三十年来，建筑的时代是钢筋混凝土的时代，而可以对钢筋混凝土建筑进行最简单而有效的几何描述的，就是平立剖。

平立剖，似乎足以凭借大大小小各式各样的矩形空间描述来完成我们建筑师要做的所有工作，似乎足以让各个相关专业认识建筑师所要实现的空间是个什么样子从而进行专业配合。绘图软件强大的拷贝复制乃至阵列功能，又使建筑师把这种描述的效率大大提高了。

平立剖，再加几张所谓的卫生间，楼梯大样，其实就是稍微放大的平立剖，再加门窗表、做法表、引用标准图，还有四个字：厂家定做，三十年来，几乎让每一个建筑师获得了以万平方米为单位的年产量，解决了很多大规模建造的问题，高楼拔地而起，商铺遍地开花，建筑师功不可没，平立剖也功不可没。

平立剖是钢筋混凝土建筑时代最有效、最直接、最简便、最省事儿的专业表达与专业平台。而且在大负荷的任务压力下，这种专业表达与专业平台，变得越来越有效、越直接、越简便、越省事儿。

建筑师其实很喜欢这个钢筋混凝土的时代，建筑师来画外轮廓，其他统统有下家。

在这个过程中，能外包的外包，能交给厂家的交给厂家，门窗玻璃幕墙瓷砖外挂，马桶五金把手标识壁纸灯具，还有一些如通风盘管，多个专业来争，建筑师却早就潇洒挥手无暇一顾。

平立剖，钢筋混凝土时代的建筑师的核心技术，还有一个词儿叫核心竞争力。平立剖，让建筑师一直保有对空间形态的大概描述，获得多多。而恰恰是仅存平立剖，也让建筑师一点儿一点儿地失去了对建造过程的控制。近三十年，建筑师留下了所谓核心竞争力的壳子，失去了核心竞争力的对象。

仅有平立剖，无法解决传统木构架的纪实与保护，也无法应对木架构的衍变与新生。其实近三十年，钢筋混凝土建筑，也并不只是火柴盒。而今后三十年，各种类型的钢结构、木结构建筑必将以各种形式出现或再现，即使钢筋混凝土建筑，本身也会发生深刻的变化。

而木结构，特别是新的木材料组合与新的结构体系和新的建造方式，都会重新占据建筑实践的一方天地，这是由木材这种最基本的建筑材料的诸多自然优势所必然决定的。

第二个问题，看画时代的建筑设计与渲染图

学建筑学，做传统的建筑师并不是唯一的出路。建筑师，不管是传统的，现代的，还是未来的，其工作内容可以说是丰富多彩的，而其主要的工作，其中之一，还是建筑设计。

三十年来，建筑设计似乎不满足于黑白枯燥的平立剖所带来的巨大产量，匆忙转身，进入了色彩艳丽的看画时代、故事时代与虚幻时代，建筑设计驾驭着以渲染图为直接目的的几种软件，配以历史故事和华丽叙事，过关斩将，拿项目，谈合同，要费用，也曾几度辉煌踌躇满志，体会了几把名角儿的感觉，但很快好景不长，故事谁也会讲，叙事谁也会编，画面谁也会评价。建筑设计越往渲染图靠拢，越失去自己的位置。不要老怪甲方所逼，恰恰是建筑设计师自己天天坐镇在渲染图公司指点蓝天白云，擦亮了甲方眼中的落日余晖在那玻璃幕墙的一缕反光而把建筑设计视为画画填色。

建筑设计是以主观空间意向落实为客观空间造就为目的、以材料组织、过程组织和总体把控为手段的技术集成。建筑设计的服务目的是人，这是建筑设计与许多设计的相同之处。建筑设计的工作结果是空间造就，这是建筑设计与其他设计的不同。建筑设计也会涉及讲述叙事与渲染，但建筑设计的核心竞争力从来不是故事讲述、宏大叙事与艳丽的二维、三维或者四维渲染。优秀的建筑学学生，去讲故事，去编叙事，去建模，去渲染，去VR，去一键生成，的确是非常好的事情。对于这些去向，如同去做房地产和做建筑材料商一样，要积极鼓励，同时也明确指出，这些确实不是建筑设计。

回过头来说，平立剖，绝不仅仅是建筑设计的全部，它只是建筑设计非常小的一部分，但它确实是属于建筑设计的基本手段。所以学建筑学的同学，如果将来要从事建筑设计，还是要首先认真画好平立剖，还是要认真做好手工模型。同时，必须清醒地认识到，新的工具和软件应用与推广，不会囿于旧的工具与软件的就地升级，它无时无刻不在集聚着新的力量，必将带来深刻的变化。

第三个问题，科技时代的建筑学之构件研究

建筑学的任务是要解决整体建筑的问题和建筑的整体问题，离开了建筑本身，建筑学的意义就大打折扣。

三十年来，建筑学不断地强调着自己的特殊性，同时不断地扩大研究领域，也不断在纠结和踌躇中向普通工科所认同的科学与技术的标准积极靠拢，经过三十年不懈的努力，似乎已经大踏步地跟上了科技时代的步伐，同时身处日渐其高的科技浪潮中更觉尴尬与脸红。

而在科技时代，我们首先要清醒地认识到，建筑学最根本的长项依然是在空间认知与表达和空间的造就。而对于似乎一夜降临的智能建筑、绿色建筑、智慧城市等新颖概念，建筑学可以选择的和担当的有许多，其中之一是，以构件研究乃至制造为核心技术把空间造就与人的感受这两极紧密结合起来，而这个担当非建筑学莫属。

建筑学的技术与人文的双重性，并不是落实在某一技术突破或者人文研究新观点的本身，而是落实为过程控制与技术应用和情感体验。换一个角度，一部建筑史，就是以空间造就为目的的不断有多种因素（包括其他学科与专业）加入的（既有递进也有平行的）土木建造史、钢砼建造史、数字建造史。或许，我们还是使用数字建造这个词描绘建筑学专业的一个变化趋势更恰当。

或许，未来三十年，建筑学广义技术层面的核心驱动力正在由材料升级所带来的线性发展逐步转化为材料重新认识所带来的营造建造构造体系的重新认识、重新组织、重新实施。近一百多年来，钢筋混凝土革命导致建筑师被动和主动放弃了诸多问题，而这些曾经放弃的诸多问题，如同木构架的专业归属一样，又以新的面貌重新摆在建筑学面前，就看我们自己是否有勇气迎接这一新的历史。而在这一段新的历史中，建筑、规划、风景园林、设计、土木、材料诸学科的核心内涵必将发生深刻的碰撞、交融、缩放与回归，并继续向前。

在这儿要对我的学生说，不要奢望自己能够一键生成，更不要奢望别人替你一键生成，这种代劳对于建筑学而言是很危险的。多去研究一下从空间到界面、从院落到单体、从整体到构件，特别是要研究构件之间的逻辑，从构造做法到形式的实现；研究主题材料的组织，研究建造过程如何造就空间；研究社会生活要素如何通过系统的营造，落实在田野与聚落，落实为建筑与城市。

"建筑营造体系研究系列丛书"由以下课题与项目赞助：

北京市人才强教计划——建筑设计教学体系深化研究项目；北方工业大学重点研究计划——传统聚落低碳营造理论研究与工程实践项目；北京市专项专业建设——建筑学（市级）（编号PXM2014_014212_000039）项目支持；2014追加专项——促进人才培养综合改革项目——研究生创新平台建设—建筑学（14085-45）；本科生培养——教学改革立项与研究

（市级）—同源同理同步的建筑学本科实践教学体系建构与人才培养模式研究（14007）；本科生培养——教学改革立项与研究（市级）——以实践创新能力培养为核心的建筑学类本科设计课程群建设与人才培养模式研究（PXM2015-014212-000029）；北方工业大学校内专项——城镇化背景下的传统营造模式与现代营造技术综合研究等。

在此一并致谢。

贾东

北方工业大学　教授

于北京

目　录

引子

梦回故地路迢迢，万里关山自此骁。

几处狼烟争古道，一声清角簇群矛。

黄沙漫漫没秋草，车马隆隆冷驿桥。

千载边声吟不尽，榆林堡外风萧萧。

众所周知玉关天堑明长城八达岭段是延庆区文明举世的圣地，而与其隔着官厅水库遥遥相望的另一端即冬奥之翼，在塞外青山的辽阔疆域中，这里另一种璀璨的历史文化却被众人遗忘。曾经门庭若市而今寂寂无闻的堡寨驿站村落，它没有精致的雕琢，也没有华丽的釉彩，却有着中华几千年文化底蕴，那是遥远的古老文明在无声的诉说着曾经的历史流年，这被遗忘的文化瑰宝便是堡寨驿站村落——榆林堡驿站遗址。

随着古代驿传系统，邮政系统和防御系统的消逝与衰退，堡寨驿站这一聚落形式也正濒临灭绝。面对此状，政府关注，学者呼吁，人民重视，多方的影响与担忧促使鸡鸣驿站得到了大规模的保护，榆林堡驿站的保护工作也已不疾不徐地展开。

1998年榆林堡驿站遗址被公布为延庆县重点文物保护单位；2003年被确定为北京第二批历史文化保护区之一；2011年被纳入北京市、延庆县的"十二五"文化保护项目库。

榆林堡古城墙的修缮，已逐步得到政府的重视，但修缮保护工程进度缓慢。在这样的背景下，笔者希望通过此书，从堡寨和驿站两个方面对修缮工作提供相应的理论支持，致力于用客观记录、问题探索、接近真实再现等方式进行分析研究，以求结论的真实可信。

总之，堡寨驿站的保护和发展是一项长期、复杂且庞大的工程，考验整个民族的智慧、能力与决心，仅以此书记录堡寨驿站这类聚落空间的形式，为其保护和复兴工程略尽绵薄之力。

第1章　关于榆林堡

1.1　榆林堡的双重身份对聚落空间的影响

榆林堡是驿站，亦是长城堡寨聚落，聚落空间的整体营造受多方因素影响，具有较强的研究价值，本书主要从以下几个方面进行归纳阐述：

1. 对榆林堡古城"品"字形平面布局进行剖析，分析驿站功能对古城布局的影响；再对现存街道及城墙进行研究，阐述驿站及堡寨的双重身份对聚落空间布局的影响，通过现有街道城墙体系找寻古老空间组建的精髓；

2. 榆林堡的双重身份不仅影响聚落整体布局，院落及建筑单体也均东鸣西应，通过整体引出局部，局部验证整体的研究方法反复求证两种身份带来的特征；

3. 榆林堡长城戍边堡寨的身份使其在整体布局上所遵循的模数规划原则；

4. 通过与其他驿站空间的对比，尽可能恢复榆林堡驿站缺失的驿站功能。

1.2　作为驿站的榆林堡

1.2.1　驿传系统的发展及认识

中国驿站的源起可追溯到西周，距今约三千年。在中国古代，驿站的主要作用是供传递官府文书和军事情报的人或来往官员途中食宿、换马的场所（图1–1、图1–2）。

古代驿道和驿站的发展作为中国文明体系的关键，其形制、特点及作用都反映了驿传系统结构的完备性，完备的驿站系统能够准确地反映中国古代相关的历史现象，从而推动中国古代文明得到进一步演变。

商周时期驿传系统开始初步形成，殷墟出土的甲骨文中记载了相关驿传制度的文字，如"传"表示驿传、传车；"馆"表示停驻留宿等，都充分说明驿站雏形初步形成。

西周时期全国的主要交通干线形成网状，"周道""周行"为驿传系统提供强有力的交通体系。道路的相应设施也趋于规范化，无论都市大道或者乡村小道，每隔十里设置"庐"提供餐饮，每隔三十里设置"室"提供住宿，每隔五十里有"市"提供更优越的住宿。

到春秋时期，驿站制度开始用于军事政治领域，其目的是消息即时，军机神速。战国时期因为交通技术及交通效率不断提高，驿站的距离为"五十里而一置"。

图1-1　汉画像砖驿骑接递图　　　　图1-2　古代驿夫　　　　　　图1-3　辎车奔驰使命急
（资料来源：《驿道史话》）　　　　（资料来源：《驿骑星流》）　　（资料来源：《驿骑星流》）

秦汉作为新文明时代，"驰道"的形制及规格已经相当高，为秦汉驿站的健全创造了必要条件。在秦朝就有关于"厩置"等与驿站相关的法律，汉代则继承秦制。

隋唐时期驿站的建设取得空前的成绩，军事化最为明显，为提高效率，采用专使送递和交驿送递两种形式，并且采用严格的邮驿律令和设备的等级制度。

宋代以驿道驿站为主要结构系统，逐渐走向完善健全的历史阶段。提出了驿传三等：步递、马递和急脚递，在《金玉新书》中设有关于驿传系统的54条法令，但到宋代后期因为冗官冗员的现象，邮驿系统受到很大冲击。

元代国家疆域辽阔，文化交流、经济往来、军事调度和行政管理都以邮驿作为坚实的基础。每十里、十五里或者二十五里均设急脚铺（图1-3），有严格的制度治理，对信使的传递速度也进行了相关的规定。为了使情报更快进行传达，国家形成元驿这种特殊的交通形式。

明清时期驿站制度虽在逐渐完善，但是本身的弊病也随之暴露，以致最后逐渐撤除。

中国古代驿站系统，从兴盛到衰败经历了漫长的过程，其服务于军事政治，促进武装和行政的健全，也使一种古老的驿站系统影响的建筑形式从有到无、从兴到衰。研究这类传统聚落，可以更好地了解驿站的特殊文化形式，对全面认识中国传统聚落文化有着重要的意义。

随着历史的变迁，驿站已被人们淡忘，然而在驿站系统影响下形成的建筑院落空间和单体空间的营造特色却变得更加鲜明，这些空间的保留传承价值越发显著，榆林堡为研究此种传统聚落空间提供了物质基础。

"倦客出关仍畏暑，居庸回首幕云深，青山环合势熊抱，不见旧时榆树林。"诗中提到的榆树林就是现存的榆林堡驿站。元代诗人周伯琦在《榆林驿》一诗中也提到榆林，且榆林之名"自汉相传旧"。榆林堡作为驿站自元以来一直被沿用至清，由于驿站功能空间具有独特需求，该村落布局具有典型性。

榆林堡驿站遗址现位于北京市延庆县康庄镇榆林堡村，在延庆县西南与河北怀来县交界处（图1-4），距延庆县城12.6公里，西距怀来清水河1公里。村落面积9.99平方公里，全村576户，大约两千人。

据榆林堡驿站遗址纪念碑上注明榆林堡驿站遗址是北京地区现今仅存且规模最大的古驿站遗址，迄今（2019年）已有570年的历史（图1-5）。榆林堡驿站不仅有历史价值和文化价值，在村落布局中也具有很重要的研究价值。

（1）在历史上，驿站对交通有着重要的作用，并且形成古城。选址布局、建筑形式和结构有很丰富的文化价值和研究价值。

（2）在艺术上，驿站影响建筑的艺术要素和布局，且形成北方建筑的基本特点，具有很高的艺术价值。

（3）实地调研与资料上，笔者土生土长在榆林堡，加之进行了多次的实地调研和采访调研，为此书撰写提供了丰富的资源。

榆林堡驿站是一个不被大家熟知的驿站，它藏在一个村子之中，被上百座民居包围。就只剩下数段土城墙和民间传说。2014年5月，修建北城墙的工程已经启动，这项工程也标志这座古老驿站将重获新生。

首先榆林堡驿站作为驿传系统中的一个载体，驿传系统本身对聚落空间营造产生深远影响；其次榆林堡属于京郊民居聚落范畴，此种民居作为北京民居的分类之一，值得更深刻的研究和探索；最后从榆林堡驿站的整体布局出发，充分考虑不同时代、功能需求、宗教、文化状况对民居院落和建筑空间营造的影响。驿站内的民居逐渐被新建筑取代，因此需要对古建筑空间结构、空间关系、空间尺度等各方面进行研究和记载，为以后修缮修复提供较为科学的依据，以恢复最原生态的驿站风貌。

运用以上内容对榆林堡驿站进行探索，通过文字

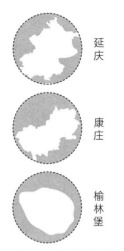

延庆

康庄

榆林堡

图1-4 榆林堡驿站区位分析
（资料来源：作者自绘）

图1-5 榆林驿城遗址碑记
（资料来源：作者拍摄）

的形式引起更多学者对此地特色及文化的重视。这对于我国其他各地区驿站民居建筑发展、传统民居院落如何与现代工作生活方式相适应，实现传统民居的可持续发展具有重要意义。

1.2.2 榆林堡的历史沿革

榆林堡作为驿站要追溯到元代，在元代盛行驿传系统，并在大都城（今北京）设有12个驿站，其中榆林堡驿站就是十二站中的重要驿站之一。

《永乐大典》卷一九四一七"站"字门"站赤"二载："中统四年（1263年）五月十二日，中书右丞相安童、平章政事忽都答儿奏：中都至上都站赤以聚会故，递运系官及诸物数多，滞不能发，至甚劳苦，臣等与枢密院治国用使司、御史台宣徽院，及四怯薛官同议，洪赞至独石四站，各增车驴三十具，榆林站增牛驴十具，总计价钞一百五十六锭"。这是对榆林堡驿站最早的记载，至今（2019年）已有756年。

《元史·世祖纪》载："至元十六年（1279年）六月乙酉，榆林、洪赞、刁窝，每驿益马百五十，车二百，牛如车数给之"。由此推测榆林堡驿站当时规模较大，有很大的工作量，所以才配有上百辆的车、马和牛。

《元史·文宗纪》载："致和元年（1328年）八月，上都梁王王禅、右丞相塔失铁木儿、太尉不花、平章政事买间、御史大夫纽泽等，兵次榆林。九月庚申，燕铁木儿督师居庸关，遣撒敦以兵袭上都兵于榆林，击败之，追至怀来而还"。《明代驿站考》中提到榆林堡驿站同时属于长城沿线驿站，其中京师直属的有榆河驿、榆林驿、潞河驿、固节驿和涿鹿驿（图1-6）。可见榆林堡驿站位于八达岭长城附近，位置重要，乃兵家必争之地，是重要的军事要塞。

《方舆纪略》载："堡初位于怀来以东，羊儿峪东。明正统末改筑于此"。所以元代的榆林堡驿站并不在现在的榆林堡驿站旧址上，而是位于今河北省西榆林，是在明英宗正统十四年（1449年）因"土木之变"改建于此。

《（正德）宣府镇志》卷二"驿传"载："榆林堡驿站在城东南二十里，俱隶直隶隆庆卫，景泰五年筑堡障卫"。证明在景泰五年（1454年）榆林南城已经修建完成，并且由隆庆（现延庆县）管辖。《（嘉靖）宣府镇志》卷一"驿传"载："榆林驿在州城西南三十里。隶

图1-6 明代长城沿线驿站图纸
（资料来源：《明代驿站考》）

隆庆卫。"《（光绪）怀来县志》卷五"城池志"载：榆林堡城"县城东二十五里，西去府城一百七十五里"。《宣镇图说》载："正统己巳年筑，隆庆己巳年砖"。明穆宗隆庆三年（1569年）北城城墙土墙已经包砖完成。截止于此榆林北城和南城均已修建完成，明代比元代防御更加完善。根据时间也能确定北城建造先于南城，也为后文讨论的相关内容提供了有力的时间依据。

《（康熙）怀来县志》卷一"建志"载："康熙七年（1668年），裁万全都司。康熙三十二年（1693年），改宣府等卫为府县，其同知、千户等官俱裁。改怀来卫为怀来县……康熙三十二年（1693年）社榆林堡驿站驿丞管理。"

《清史稿》卷一百四十一"兵志·马政·驿置"载："刘坤一、张之洞条陈新法，谓驿站耗财，不如仿外人之邮政。邮政递信速，驿政文报迟。弊由有驿州县马缺额，又复疲瘦，驿丁或倚为利薮，因致稽延。请设邮政局，推行邮政，俾驿铺经费专取给邮资，即三百万耗可以省出矣。时韪其言"。因为邮政的盛行，驿站随之衰败。1913年，北洋政府撤销全部驿站改用邮驿，榆林堡驿站的使命就此终结。

根据相关调研和实地采访得知"文革"、"大跃进"期间百姓把城墙上的青砖扒掉修建房屋，在战争期间还在土城墙上挖有防空洞。在2000年再次进行挖掘，把城墙地基的石条挪为他用。整个土城墙毁坏严重（图1-7），角楼形状还保留（图1-8），城墙基本形态已被毁坏，北城残留城墙数段。2014年5月开始进行土城墙的包砖修复（图1-9）。

通过以上的文献资料整理分析说明，榆林堡驿站虽然建于元代，但不是现存的榆林堡驿站；明朝该驿站发展态势迅猛，并且修建了南北城，有了较强的防御攻势；清代榆林堡驿站逐渐走向衰败。榆林堡驿站不管是从明朝还是到清朝都是属于从北京到宣府途中重要的驿站，《明代驿站考》载："一至宣府，其路有二……北京会同馆至宣府，马驿六驿二百八十五里。北京会同馆五十里至榆河驿，五十里至居关驿，四十五里至榆林堡驿站，四十里至土木驿，五十里至鸡鸣山驿，五十里至宣府驿"。本段文献中提到的榆林堡驿站是西榆林，后改建于现存遗址，基本保证每五十里路设置一个驿站。

图1-7 城墙破损

图1-8 角楼形状

图1-9 包砖修复

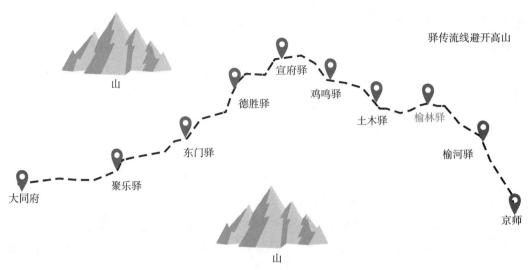

图1-10　避高山建造驿道

1.2.3　驿站的选址原则及功能构成

榆林堡驿站选址的改变，首先是满足驿站的功能需求，实现驿站间距的均分；其次是根据北京到大同的地形图发现驿站的路线是采用避高山的原则，与现有的G6—S30高速公路线路基本重合（图1-10），这种修路手法也是先人寻找最省时、省力的方法之一；最后是驿站会因为运送物品等级或者地区地位的高低，而采取等级确定的原则。

1.3　作为堡寨的榆林堡

1.3.1　堡寨聚落的发展及认识

堡寨聚落是古代人为了抵御外部侵略，以求安全而建造的一种防御性聚落。堡寨聚落在远古时代和原始社会末期，是为防止野兽、自然灾害和氏族部落之间的威胁，在其外部设的防御措施。关于外部的防御措施也会因为防御对象的不同而逐渐进阶，最古老的防御措施是栅栏阻隔野兽，然后是利用沟渠来抵御洪水的侵袭，最后为了抗击外部侵略发展了更有战略意义的高墙和壕沟。

根据这种发展历程堡寨聚落早期形态有四种类型，第一种为环壕聚落，在新石器时代村落周围被壕沟围绕的形式已被体现，如内蒙古东部敖汉旗兴隆洼遗址（图1-11）。随着聚落布局基本形成，功能分区越发完善，壕沟的聚落形式也成为普遍。壕沟在聚落中的作用不仅是为了防止野兽，而抵御外族侵略才是重中之重，壕沟可以保证本族人和物的安全，提高聚落自身的生存能力，如姜寨遗址（图1-12）。第二种为环壕土围聚落，这种聚落是一举两得的聚落发展形势，利用挖壕沟的土方作为围墙，其防御系统向竖直方向发展，这也成为城市或民间堡寨设防的普遍形式。第三种为早期城堡，这一时期主要因为原始弓箭等性能逐渐提高，矮土墙的垂直高度已经无法满足防御功能。为了防御则需要建造更高、更夯实的城墙，也从此出现了堆筑法和版筑法，如湖南澧县城头山城遗址（图1-13）。第四种为龙山文化城堡（图1-14），这种聚落形式的出现也正反映了当时人口的增长、生存环境恶化，资源紧张而引起了不少战事的情形。这种城堡相对以前的聚落形式来说，已经有很强的对外军事意义，它维护了聚落人的生命及生存资源。

史前设防城堡有如下几个特点：一、多重防御功能；二、择高而居，临近水源，适宜耕种，具有军事战略意义的平原和盆地，或者利用高低、河流及峭壁等自然地形进行防御；三、采用夯筑、石筑和先夯后包石的筑墙方式；四、规模普遍较小，平面形状复杂，外围多为单层城墙，壕沟、城门等设施出现，但是城内功能混杂，没有明确的分区，城市还未出现。史前城堡是我国城市的雏形，所以城市的流变大体经历的是原始村堡、中心城堡至城市三个阶段。乡村堡寨的源流是从原始部落的环壕聚落到单纯设防的城堡，这些城堡大多规模较小、职能专一，仅用于居住，缺少政治色彩，属于有设防的村堡。

堡寨聚落和村落里邑相似，商时期的聚落无论大小都被成之为"邑"，"里"作为聚落的称呼来自西周，周代的农民大多居住在乡村，在此从事生产，自给自足，这种居住地为"里"。根据《汉书·食货志》对"里"有这样的描述："春将出民，里胥平旦坐于右塾，邻长坐于左塾，毕出然后归，夕亦如之。"此段充分描述堡应具备的条件。《左传·襄公八年》："焚我郊保，冯陵我城郭。"这里的保与堡相似。据此可以推断"保"与"里"只是同一种聚落的不同表达方式。"里"主要表达组织管理的内部结构，"堡"表达防御功能的外部形态。

图1-11　内蒙古东部敖汉旗兴隆洼遗址图
（资料来源：百度百科）

图1-12　姜寨遗址
（资料来源：百度百科）

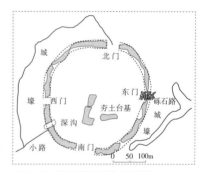

图1-13　湖南澧县城头山城遗址
（资料来源：作者自绘）

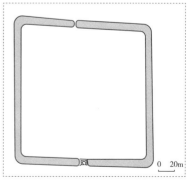

图1-14　龙山文化城堡
（资料来源：作者自绘）

堡寨的发展经历了几千年的探索逐渐演变而成，逐步发展出更强、更完善的防御系统，可以说堡寨的形态是先进的聚落形态。聚落内部形态是随着文化及战事的程度，并在制度的影响下，从低级走向高级的形式。

1.3.2 榆林堡戍边堡寨的身份

长城戍边堡寨是指为增强长城的防御性，在长城沿线建造的堡寨。北京地区城墙主要分布在西部和北部，横跨门头沟、延庆、怀柔、密云和平谷。其中延庆地区长城沿线共有42座堡寨，榆林堡城堡就是其中之一（图1-15）。延庆地区即便不是长城戍边的堡寨村落，也会修筑城墙，主要原因是明代末期，蒙古不断入侵，城墙可以达到自卫的作用。这些堡寨因为功能逐渐的衰退开始演变成村落，又因这些堡寨的特殊性演变成村落后，会被作为沟通长城内外的重要交通要塞。这些堡寨的特点就是周边地质肥沃，适于耕种，当时利用军民在城堡附近开垦（图1-16），宜种宜守，达到粮食足边塞实的目的。

1.3.3 针对榆林堡的特殊研究方法

本书主要研究方法是结合实地测绘、采访匠人、查询资料等传统方法获得初始资料与数据；通过电脑建模和做实物模型模拟接近真实再现的方式进行综合分析。

1. 实地测绘、综合调研——实地测绘为主，走访采访调研为辅的方式。通过从局部到

图1-15 延庆地区长城戍边堡寨分布图
（资料来源：作者绘制）

图1-16 榆林堡周围适于耕种的农田
（资料来源：作者拍摄）

整体的多次测绘榆林堡驿站的方式进行研究（图1-17），首先对200多年典型民居进行测绘，收集可靠数据，走访、采访确定数据真实性；其次通过数据推测聚落空间的构成，再反测加以斧正；最后对现有城墙数据进行记录。为得到更为科学的研究成果，本书同样采用横向类比的研究手法，同时对鸡鸣驿进行实地调研与测绘，通过比较不同地域驿站村落空间营造在道路、布局、组合形式和规律方面的异同，分析榆林堡驿站的发展演变过程，为保护和发展榆林堡寻求实践方法和经验。

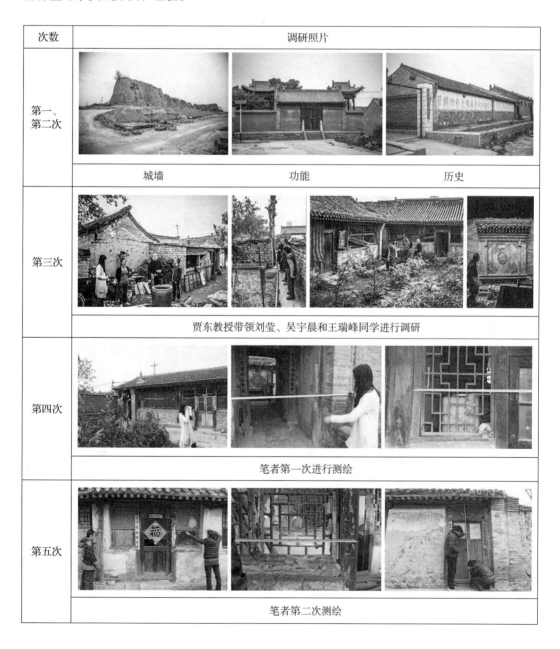

次数	调研照片		
第一、第二次			
	城墙	功能	历史
第三次			
	贾东教授带领刘莹、吴宇晨和王瑞峰同学进行调研		
第四次			
	笔者第一次进行测绘		
第五次			
	笔者第二次测绘		

续表

次数	调研照片
第六次	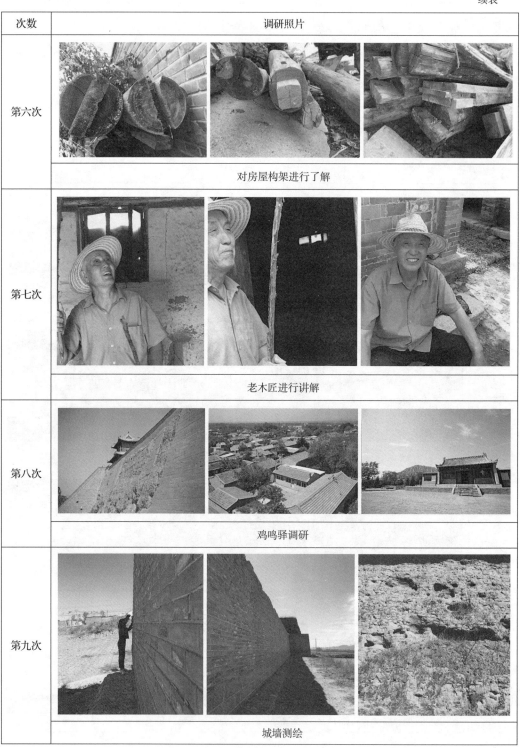
	对房屋构架进行了解
第七次	
	老木匠进行讲解
第八次	
	鸡鸣驿调研
第九次	
	城墙测绘

图1-17　测绘历程

（资料来源：作者拍摄）

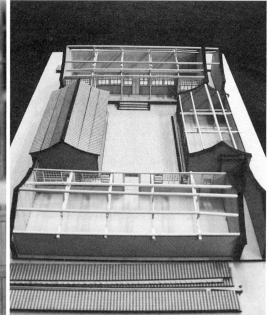

图1-18　1∶10建筑单体实物模型　　　　　　　图1-19　1∶100院落实物模型

2. 接近真实再现研究手法——这种研究手法由北方工业大学贾东教授提出，主要手段为通过1∶10建筑单体实物模型（图1-18），对民居的木构架节点及墙体构造进行真实模拟，通过房屋搭建形成完整的构建体系；同时制作1∶100的院落实物模型研究院落自身的组合方式及院落与院落之间的交接方式（图1-19）。接近真实再现的研究手法能够更深入地了解建造房屋所需要的营造技艺，对调研所得到的错误认知加以斧正，使本书的研究成果更为真实且科学。

3. 模数概念的提出——从实地调研获得模数概念并尝试验证。在调研过程中发现所测房屋及院落空间中的规制与形制上有某些相似之处；同时院落尺度也存在规律，建筑单体每开间存在相同或相似的数值，这种规律不仅停留在空间，建筑构件的尺度也同样可循；虽然初期发现的规律可能存在偶然性，但该规律具有一定价值，需要进一步研究验证。

小结

本章主要介绍本书中榆林堡的研究背景、研究现状，研究内容和研究方法，对研究对象定义进行剖析和说明，为后续工作提供理论基础。

其中主要内容为作为驿站和堡寨的榆林堡聚落整体营造研究。

研究方法通过以实地测绘为主要内容的综合调研；以1∶10的单体实物模型及1∶100的

院落实物模型为主要手段的接近真实再现；从实地调研获得模数概念并尝试验证。

本书尝试研究的几个方面如下：

1．对榆林堡驿站的堡寨聚落、街道院落及建筑单体三大空间的营造体系进行深入研究，为驿站聚落空间研究提供有力支持；

2．从京郊合院式建筑营造入手，对榆林堡的民居从木构架特点→墙体特点→屋顶特点进行详细分类及分析，为北京及京郊民居营造技艺提供研究基础；

3．模数概念的提出是本书最主要的突破点，从不同的角度对传统驿站堡寨聚落空间从整体→局部→细部用数据的方式进行阐释；尝试对榆林堡驿站的聚落空间、院落空间和建筑单体空间建立完整的模数体系，梳理三者的模数关系。

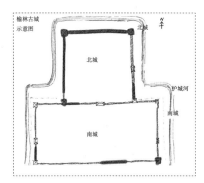

图2-1 榆林堡驿站城墙残存分布

第2章 榆林堡品字双城

2.1 双城品字形布局

榆林堡村现分为古城与新城，本书研究只限定于古城部分。

榆林堡古城呈"凸"字形，分为北城和南城（图2-1、图2-2），这种布局与北京城形制极为相似。原榆林古城有完整的城墙、城壕和护城河等防御设施，南北城的城墙四角皆有城楼和瓮城，现因疏于保护，城墙只有部分夯土遗存（图2-3）。

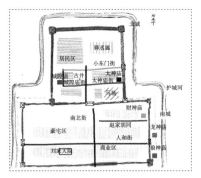

图2-2 原驿站复原示意图

北城基本型制呈方形，边长a约为250米，占地面积为55725平方米。古城城墙遗存则主要分布在北城的北部和西部边界处（图2-4），该处遗存长度约为447米；原北城城墙上分布着四个角楼、三个瓮城和东南两座城门，其中东城门被称为"小东门"，南城门被称为"镇安门"。镇安门形式较为特殊，通过对相关资料进行深入研究印证得出此门为两层，且两城门不对应，形成迂回瓮城（图2-5）。

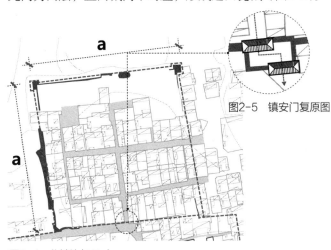

图2-5 镇安门复原图

图2-4 北城边长尺寸

图2-3 榆林堡驿站遗存部分

北城内现存道路呈"中"字形（图2-4），东西向三条平行街道，南北向两条平行街道，最北侧自小东门起、终于西侧的街道名为"小东门街"，从北侧向南第二条平行街道是通向城隍庙的主要道路，故名"城隍庙街"，第三条街道是通往太神庙的街道，名为"太神庙街"；南北向由两条平行道路划分北城格局，位于北城中心部位的南北向街道为连接南北城的主干道，当地人称之为"南北街"，另一条为次干道"小西街"（图2-2）。

街道的名称揭示北城分布了大量庙宇，但该城的建筑主要是普通住宅、驿丞属（七品官员办公及住处）和马场，小东门街北部为驿丞属，城隍庙街与太神庙街间的东侧为马场（图2-2）。

南城形制为长方形，东南宽a约423米，南北宽b约为245米（图2-6），占地面积约为106511平方米。现南城城墙遗存甚少，只留有正南侧长度约为105米的一小段。南城原有东西两座城门，名为"大东门"和"大西门"，两门均设有一"新榆林堡"石牌匾。

南城现存道路呈"七"字形，相关史料记载南城被古驿道贯穿，该道路是南城的主干道且连接东西两座城门，名为"人和街"，其余东西向街道均属于入户街巷，其中北侧胡同为"赵家胡同"，南侧为"茅家胡同"；南北向只有一条街道被称为"南北街"，同时也是连接北城的唯一途径。

南城的主要建筑是住宅（多为豪宅）、商铺和会馆。人和街不仅作为驿道，也是曾经车水马龙的商业街，商铺都集中于此。南城最著名的四合院是慈禧和光绪西逃停留过的刘家大院（图2-7）。

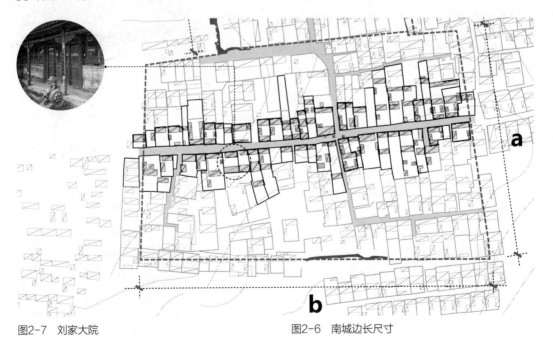

图2-7 刘家大院　　　　　　　　　　　　　图2-6 南城边长尺寸

2.2　现存城墙考

城墙的定义是指旧时为应对战争，使用土、木、砖和石等材料，在古城四周修建用作防御的障碍性建筑。这种防御措施是由墙体和其他辅助防御的军事设施构成的防线。

作为堡寨的榆林堡，城墙是最主要的构成元素，本节对城墙的历史记载和原有形制进行梳理，同时对现有城墙编号进行测绘，记录现阶段遗存城墙的数据，并进行相应的推测和残存类型的总结。

2.2.1　城墙考

《（正德）宣府镇志》中记载："榆林驿在城东南二十里……景泰五年筑堡障卫"。证明在景泰五年（1454年）榆林北城已经修建完成。《宣镇图说》载："正统己巳年（1518年）筑，隆庆己巳年砖"。1518年南城夯土完成，明穆宗隆庆三年（1569年）北城夯土墙已经包砖完成。通过文献可以得出在南北城建设初期城墙都是先用夯土版筑，为了加强防御功能，北城才开始包砖。北城文献记录较为详实，夯土版筑为1454年，包砖的时间为1569年，经历了115年。因为南北城先后修筑，所以砌筑城墙的材料可能会有所差别，需要分析才可以进一步确认。

对于榆林堡城池、城墙的高度、厚度和周长都有详细记载。《（康熙）怀来县志》记载："（榆林堡北城）周围三百七十九丈五尺，高三丈五尺，厚一丈五尺，池八尺，阔二丈。"其中周长为1265米，高11.67米，墙厚5米，护城河深2.67米，宽6.67米。虽现存城墙已不能保持原有形制，但对现状仍有参考及修复价值。

2.2.2　城墙的组成部分

古代城墙由墙体、垛口、女墙、城楼、角楼、城门和瓮城等部分组成，城墙外围还包括护城河和城池（图2-8）。

城门是古城与外界沟通的出入口；角楼是城墙拐角凸出于墙体平台之上的建筑，平面呈长方形或半圆形；马面是在城墙一定距离处建突出的墩台，平面呈长方形或半圆形，用于三面攻击敌人；瓮城是指在城门外添设的城墙，为了避免敌人对城门的直接攻击，该墙形成具有防御性的附廓；护城河环绕于城墙外侧的河道水面，阻碍敌人直攻城下。

原北城城墙为夯土包砖、南城城墙为夯土无包砖。北城墙四角的角楼有均匀的垛口，城墙马道、马面等功能俱全（图2-9）。但现在所保留的城墙是"文革"、"大跃进"期间改造后的产物，在此期间村民把城墙上的砖石拆除用于建造房屋，把城墙地基石条挪为他用；在战争期间土城墙被挖掘形成地道。以致整个土城墙毁坏程度严重，角楼形状虽留有雏形，但经过自然因素和人为因素的破坏均无原形制；2014年5月起对北城城墙进行包砖修复。

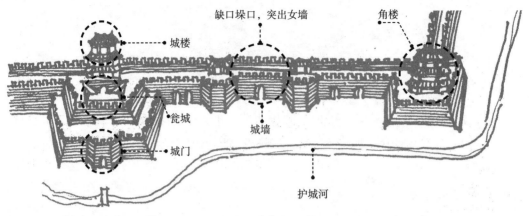

图2-8 古代城墙组成部分

图2-9 原榆林堡驿站包砖城墙、垛口、女墙角楼照片
（资料来源：北京延庆官方网站）

2.2.3 城墙、角楼的高度及平面尺度

榆林堡数段土城墙大部分都留存于北城。北城的包砖和部分地基条石在1958年被村民拆除用于修建房屋，最远的城砖已被运送到延庆张山营村；在2000年北城墙地基条石再被拆除并被挪作他用。南城城墙因村落发展等原因基本夷为平地，城墙界限已不再明显。

榆林堡发现的城墙绝大多数为夯土遗存，夯土版筑制造工艺是当时的主要建造方式。为了能够精准的进行研究，采用实地测绘及编号的方式，对城墙进行命名（图2-10）。

1. 现存城墙尺寸

就现状而言，城墙的长、厚、高的数据都与历史记载相差甚远，每段的厚度都不尽相同，范围在2～10米不等，因历史记载墙厚为5米左右，但是有出现10米的情况，所以推断此段遗留城墙是修建马面的部分，才导致宽度数据超出了历史记载的数据；每段城墙的高度也因自然状况和人为破坏等原因出现了巨大的差异。据调研数据显示，榆林堡中城墙墙体的高度与角台基本持平，且角台的保存现状明显要好于墙体，现存角楼的高度约为9.744米，历史记载约为11.67米，可推测北城垛口的高度约为2米左右（表2-1）。

C01—C04照片　　　　　C09照片及位置示意图　　　　　C04—C08照片

图2-10　城墙实景照片及位置分析图
（资料来源：作者绘制、拍摄）

北城现存城墙尺寸　　　　　　　　　　　　　　　表2-1

编号	长度	高度	厚度	编号	长度	高度	厚度
C01	20米	9.744米	10米	C02	121米	9.522米	3米
C03	34米	7.041米	2米	C04	131米	7.111米	7米
C05	25米	5.101米	3米	C06	30米	3.500米	3米
C07	30米	7.100米	2米	C08	23米	8.6米	2米

因城墙尺度会因为自然和人为原因而变化，数据以当时测绘为准　　　　　　　　（资料来源：作者整理）

2. 角台尺寸

　　由于外包砖无存，夯土角台残损严重，角台的顶和底宽也与原状相差甚远，角台和马面的现存数据如表（表2-2）。

北城现存角台尺寸   表2-2

测点	顶平面		底平面	
东北角台	14.710米	14.348米	16.432米	6.154米
西北角台	13.380米	12.715米	14.713米	16.677米
西南角台	6.294米	2.231米	10.682米	6.349米
西部马面	8.145米	3.210米	9.294米	5.000米
北部马面	19.543米	9.035米	21.521米	11.040米

因城墙尺度会因为自然和人为原因而变化，数据以当时测绘为准   （资料来源：作者整理）

　　根据上表的测绘数据，角台及马面同种属性的数值并不相同。历史数据不详，但以保存最为完好的东北角台的数据为例，底的长度与宽度数值比顶的数值均要宽2米左右；两处马面尺寸均不相同，暂无规律可循。

　　3. 墙体斜度

　　根据对城墙、马面及角台斜度的测量，斜度范围在70°～80°之间，数据表明古城的墙体和马面的斜度基本一致（表2-3）。

北城现存墙体斜度   表2-3

角台	内容	墙体斜度			
		城墙		马面及角台	
C01	测点	北测点	南测点		
	斜度	82°	80°		
C02	测点	北测点	南测点	北测点	西测点
	斜度	80°	82°	78°	88°
C03	测点	西测点	东侧点		
	斜度	70°	75°		
C04	测点	西测点	东侧点	西测点	南测点
	斜度	65°	62°	80°	81°
C05	测点	西测点	东侧点		
	斜度	67°	70°		
C06	测点	南测点	北测点		
	斜度	65°	70°		
C07	测点	南测点	北测点	西测点	东侧点
	斜度	79°	75°	73°	72°
C08	测点	南测点	北测点	西测点	东侧点
	斜度	82°	86°	83°	88°

续表

角台	内容	墙体斜度			
		城墙		马面及角台	
C09	测点	南测点	北测点		
	斜度	70°	80°		

因城墙尺度会因为自然和人为原因而变化，数据以当时测绘为准　　　　　　　　（资料来源：作者整理）

2.2.4　城墙材料

对于城墙材料的研究，较为粗浅，没有使用任何专业设备仪器，单纯凭借肉眼观察和照片记录的形式进行推测，待将来需要运用更多的仪器和专业人士进行勘测，得到更科学准确的数据。

1. 夯土类型

榆林堡城墙的材料较为单一，夯土以细粒土为主要材料，砂砾作为辅料掺杂其中（图2-11），因为北城曾有包砖，夯土体中也会掺杂碎石和砖石，在夯土体外部还存在条石和砖块。

2. 所用材料的存在形式

对于夯土材料均以夯土层的形式存在，通过洞口暴露的现状可知夯土层的厚度为0.1米左右（图2-12），夯土层中碎石和砖石的含量很少，均是无规律混合在夯土层中（图2-13）；条石常在城墙的基础中，人为的破坏使其暴露在外，有的已被移除；砖块已无遗存，当地民居中可见诸多古城包砖（图2-14）。

2.2.5　夯土遗存的残损及成因

榆林堡的夯土城墙修建于元、明期间，且没有得到及时妥善的保护，不断地遭受破坏。这种破坏源于自身和外界两种因素，其中自身问题包括材料、结构和构造，外部问题包括自然侵蚀和人为损坏。通过参考资料及实地考察城墙现状，把城墙的损坏状况分为以下几类：

图2-11　夯土类型
（资料来源：作者拍摄）

图2-12　夯土层厚度
（资料来源：作者拍摄）

图2-13　夯土层材料
（资料来源：作者拍摄）

图2-14　砖用于民居
（资料来源：作者拍摄）

图2-15 表皮脱落
（资料来源：作者拍摄）

图2-16 表皮开裂
（资料来源：作者拍摄）

图2-17 风蚀
（资料来源：作者拍摄）

图2-18 动植物的破坏
（资料来源：作者拍摄）

图2-19 土坡状破坏
（资料来源：作者拍摄）

图2-20 人为破坏
（资料来源：作者拍摄）

1. 表皮脱落（图2-15）

表皮脱落在相关研究中称之为表层剥落，主要是夯土表层出现鳞片状剥离，里层密实的夯土裸露。这一现象主要来源于雨水对表面夯土的冲刷，冲刷后的泥土流淌覆盖于表面，干燥后留下的痕迹。

2. 表皮开裂（图2-16）

表皮开裂表现为表层出现块状开裂，出现此类破损的原因是夯土层材料，易受干湿冷热环境的影响而形成的破坏。这种情况多出现于尖角处，如角台的边线。

3. 风蚀（图2-17）

城墙由于处于风沙较大的榆林堡，容易受到风化侵蚀，通常会形成风蚀窝及风蚀带。对于某段城墙因为大面积形成蘑菇状的损坏，推测该段城墙所使用的材料为沙土；而某段城墙只形成风蚀窝，可判定为黏土材质。

4. 动植物的破坏（图2-18）

这种破坏主要来源于昆虫及爬行动物等在夯土中建巢穴所造成的破坏；更普遍的破坏是植物在城墙夯土体上的生长。且有两种破坏方式，一种是树木及灌木这类根系较为发达的植物，对夯土内部的破坏较为严重，主要会造成裂缝和表层夯土脱落；另一种为根系不发达的茅草和小灌木，都生长于夯土层表面，对内部影响不大，但因为吸收雨水等，夯土城墙的表层将被软化，最终以缓慢速度把城墙土化。

5. 土坡状破坏（图2-19）

这种破坏是经过上面集中破坏的体现，经过土体开裂、风化、动植物破坏及雨雪侵蚀等多种因素的恶性循环，最终城墙的夯土体结构逐渐消失。

6. 人为破坏（图2-20）

因为城墙的军事功能在当今已经基本丧失，人们对其的保护意识逐渐下降，在上文中也提到村民对城墙多次挖掘破坏，如村民为了建造房屋，拆除城墙等；村民如果需要土，则会存在挖掘城墙取土的情况；在榆林堡古城城墙中还存在部分地道，也是对城墙的破坏之一。

2.3　现存街道分析

2.3.1　街道与城的出入

在双城聚落"品"字形布局中提到榆林堡的基本形制，其中榆林堡东西南北共有四道城门，有三处城门对外，剩余一处是沟通南北城的重要节点（图2-21）。北城出入口为小东门（图2-22），南城出入口为大东门（图2-23）和大西门（图2-25），内部城门为镇安门（图2-24），虽然各城门已经不复存在，但现状街道的主要出入口仍保持在原位。古城布局以东西大门沟通的街道为主要干道，其中大东门与大西门连接的人和街，不仅是城内干道，同时也与城外古驿道相连，现如今城外古驿道也逐渐发展拓宽，成为县级主要公路（图2-26）。

图2-22　原小东门位置

图2-23　原大东门位置

图2-24　镇安门

图2-25　原大西门位置

图2-26　县级公路

图2-21　四道城门及驿道位置关系
（资料来源：作者自绘及作者拍摄）

图2-27 "井"字形划分内部环路
（资料来源：作者绘制）

图2-28 南城"七"字形划分
（资料来源：作者绘制）

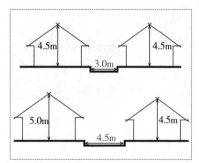

图2-29 主要街道剖面示意图
（资料来源：作者绘制）

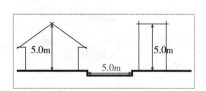

图2-30 次要街道剖面示意图
（资料来源：作者绘制）

2.3.2 街道网格特点

通常堡寨的街道系统经过统一规划，皆呈规整形态，方格路网主要通过"井"字形或者"十"字形街道划分。

同时作为堡寨和驿站的榆林堡街道的划分也基本符合这一规律。北城道路为抽象的中字形，因此北城被道路分为三区六块，有疏密之分，无重点之别（图2-27）；南城更为简洁，道路"十"字划分，形成两区四块（图2-28）；则南北主要道路形成整个聚落的动脉，南北合璧，井然有序；东西道路贯穿其中，沟通民舍，划分区域。整个北城无一条贯穿东西的道路，这是因为北城只设有两个城门，分别位于东侧和南侧，因此在内侧形成环路，连通整个片区；南北城路网形成鱼骨形的街道布局，此类布局可以满足次级街道更快速地进入主干道，使先后建造的北城和南城完美结合。人和街作为驿道是整个古城的生命线，两城鱼骨状的道路连接方式可使北城的各处均可快速且直接地到达驿道（人和街）。

榆林堡规则的平面布局加之城墙和城门的围合，形成独立的聚落空间，内部街道、院落和建筑空间要素整齐排布，跟里坊制布局形式有异曲同工之妙，同时榆林堡驿站堡寨聚落体现了长城戍边外围防御，内部井田制划分的布局特点。

2.3.3 街道立面和剖面变化分析

榆林堡古城现存主要街道宽度为3～5米，次要街道小于3米。其中东西向主要街道两侧建筑逐渐以新换旧，新建筑高度约为5米，旧建筑高度多为4.5米。而次要街道的道路较窄，建筑高度相同的情况下，会显得尤为拥挤（图2-29、图2-30）。

因东西沿街立面均由倒座的后檐墙、街门和坡道组合而成，造成该处沿街立面略显单一，同排新旧建筑高度无较大差别，并无明显高低起伏的天际线（图2-31）。在南

图2-31 东西沿街立面
（资料来源：作者绘制）

图2-32 南北沿街立面
（资料来源：作者绘制）

北沿街立面中因受南高北低的地形因素影响，聚落建筑整体呈上升趋势且每一进院落形成自身的起伏和虚实变化。该侧沿街立面是由山墙、围墙组合而成，形态上较东西沿街立面更为丰富（图2-32）。

2.3.4 街道与街巷空间

街巷空间是通过街道两侧建筑及构筑物围合形成的区域，本小节分为点式空间、节点空间和广场空间三种。街巷空间的形成并不是偶然，而是通过先民长期使用沉淀的结果。

榆林堡村落中是通过以古井和古碾盘为空间中心形成的点式公共空间。这类公共空间多位于主要道路的交汇处，居民多利用古井边、闲置碾盘处或建筑高台处（图2-33、图2-34），利用打水、磨面或晒太阳的过程中，扯家常交流邻里感情。点式街巷空间是居民不可脱离的公共场所，同时也是最聚人气和最适合交往的活动空间。

除了主街的点式公共空间外，次要街会形成节点空间。因为此种空间沿次要街巷线性分布，从而形成与点式空间截然不同的形态。通常分布在街道转角处与院墙或古树围合形成可以停驻的小型街巷空间（图2-35、图2-36）。这种空间的聚集能力较主街形成的点式空间来说较差，公共性较弱，通常居民仅会进行短暂交谈和停留，此种现象说明街道主次影响街巷空间，街巷空间反映街道主次。

大型的广场空间，通常位于公共建筑附近。榆林堡有一处城隍庙，经翻修形制完好。一般一组庙宇建筑群体均会设置广场，广场与庙宇的关系或是在庙宇族群的一侧，或是广场围绕庙宇。榆林堡城隍庙处的街巷空间关系为前者，在城隍庙的前方有大片空地作为集散广场（图2-37、图2-38），但因现城隍庙利用率较低，则广场利用率并不高。

图2-33　榆林堡古井旁
点式空间
（资料来源：作者拍摄）

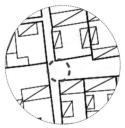

图2-35　榆林堡道路
拐角处节点空间
（资料来源：作者拍摄）

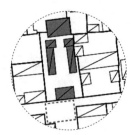

图2-37　榆林堡城隍庙
前广场
（资料来源：作者拍摄）

图2-34　古井遗址
（资料来源：作者拍摄）

图2-36　拐角处实景
照片
（资料来源：作者拍摄）

图2-38　城隍庙广场
实景照片
（资料来源：作者拍摄）

　　榆林堡作为堡寨聚落，其特点不仅要善于防卫，更要注重粮食囤积以备不时之需。所谓"仓场者，广储蓄、备旱涝，为军民寄命者也。至于预备常平，尤为吃紧，而草所转输，百倍艰难。"推测榆林堡村中应该存在粮仓和草场，但根据现状调研和采访调研并无特殊证据证明此推测。

小结

　　本章以榆林堡驿站历史沿革，双城聚落"品"字形布局、现状道路及现存城墙为主要对象进行研究。首先，榆林堡地理位置的特殊性，使其有两种不同功能，一是作为驿站，二是作为堡寨。因两种功能均有提前规划的特点，所以榆林堡在聚落布局及街道划分中都有规律可循；其次榆林堡为双城"品"字形布局，在历史沿革研究中得知榆林堡北城先于南城修建，且南北城的功能有所差异；再次将现状街道作为划分聚落的主要控制因素，结合古城形制进行叙述，对街道与城的出入口、街道网格特点、现有立面变化分析及形成的街巷空间进行研究分类；最后把城墙现有的数据进行记录，对原有城墙进行考证。

　　以上内容总结出榆林堡聚落空间的发展顺序为规划道路→形成网格（图2-39）→划分用地形成区域→根据功能分布院落（图2-40）→建造单体形成院落空间（图2-41）→建造城墙形成防御性堡寨（图2-42）。这一发展思路充分说明榆林堡村落的形成并非自然形成，而是存在有战略意义的非自然村落，通过功能的需求建立合理的聚落，从而适应驿站及长城戍边防御的相关功能。

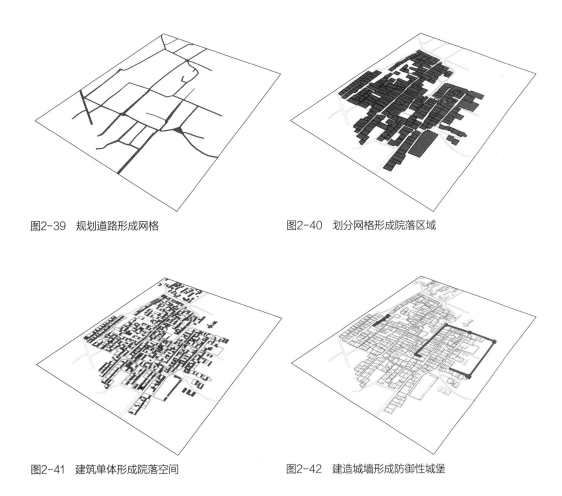

图2-39　规划道路形成网格　　　　　　　　图2-40　划分网格形成院落区域

图2-41　建筑单体形成院落空间　　　　　　图2-42　建造城墙形成防御性城堡

第3章 榆林堡院落空间营造

榆林堡村落在构建整个空间功能体系时注重建立居住、生产和街道功能之间的联系。其中居住功能体系是整个村落功能体系构建的重中之重，该体系是由大小、形式和规模不同的院落组成。这些依据特有地形而建的院落以群组的形式构建整个居住功能体系。因榆林堡村落位于平原地区，其整个居住体系的划分是通过道路对场地的分隔完成的，从而分片布置院落组团形成紧密型聚落。研究院落空间需从院落自身的功能、形式和布局等方面入手，找寻院落间的布局方式和搭接关系，深入分析院落与街道对聚落形制所产生的深远影响。

3.1 院落类型

笔者于2014年5月至2016年7月期间对榆林堡村落的历史沿革、原有功能、残存城墙和现存已有200多年历史的12处民居进行了调研与测绘，形成一系列关于院落和建筑单体营造的研究成果。

测绘民居名称（图3-1）：榆林堡小北街12号、榆林堡小北街14号、榆林堡杨家大院1号、榆

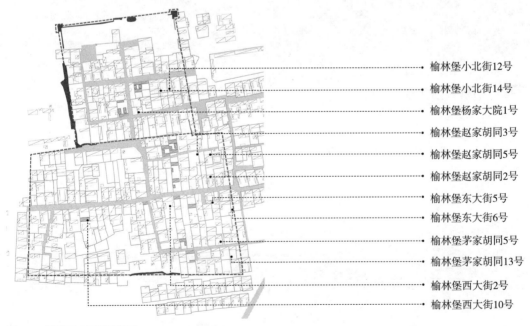

榆林堡小北街12号
榆林堡小北街14号
榆林堡杨家大院1号
榆林堡赵家胡同3号
榆林堡赵家胡同5号
榆林堡赵家胡同2号
榆林堡东大街5号
榆林堡东大街6号
榆林堡茅家胡同5号
榆林堡茅家胡同13号
榆林堡西大街2号
榆林堡西大街10号

图3-1 测绘重点民居位置图

（资料来源：作者绘制）

林堡赵家胡同2号院、榆林堡赵家胡同3号、榆林堡赵家胡同5号院、榆林堡西大街2号、榆林堡西大街10号（刘家大院）、榆林堡东大街5号、榆林堡东大街6号、茅家胡同5号、茅家胡同13号。

院落空间是合院建筑的重要支撑，榆林堡院落的平面布局大多很方正，建筑的朝向略偏离正南正北，在0～10°之间（图3-2）。这种院落空间灵活的布局，强调了院落空间与道路和地形的联系，以下分别对院落的类型、院落的功能和空间关系、院落的空间布局、院落间的组合与道路及院落间交接的关系加以分析，探寻其规律。

院落的单位为进和跨。进是指纵向的扩展，纵向排布院子的个数表示几进院；跨指横向的扩展，横向的独立院落的个数表示几跨院。

按组合方式分，榆林堡院落的基本类型有一进院、两进院、三进院和跨院等形式（图3-3），这些类型在传统的北京四合院中属于基本格局。在榆林堡村落中最常见的类型是一进院加后院和两进院的形式，这两种形式属于中小型院落，大型院落受规划、地形、经济条件以

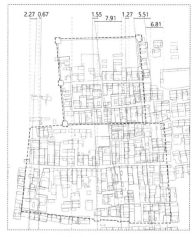

图3-2　建筑朝向角度
（资料来源：作者绘制、拍摄）

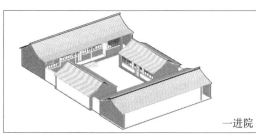

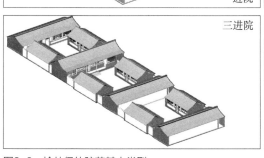

一进院　二进院

三进院　跨院

图3-3　榆林堡的院落基本类型
（资料来源：作者绘制、拍摄）

及家庭构成等因素的影响在榆林堡村落中出现较少。

3.1.1　一进院

　　一进院是指建造初期由建筑和墙体围合成的以一个院子为中心的院落。院落的组合方式分为四种：一面建筑三面墙体、两面建筑（"L"形和平行）两面墙体、三面建筑（"凹"字形）一面墙体和四面都是建筑围合的院落。一面建筑三面墙体模式的院落通常为坐北朝南格局，其另外三面设有砖墙或土坯墙，建筑开间常为三间或五间（图3-4a）；两面建筑两面墙体的院落，坐北朝南的建筑为正房（以正房坐北朝南为例），正房通常为三间或五间，另一面建筑位于正房的东侧或西侧，被称之为厢房，建筑开间为两间或三间，另两面设有砖墙或土坯墙（图3-4b）；三面建筑一面墙体是指正房及正房两侧厢房均设有建筑，没有建筑的一侧设有墙体，俗称三合院（图3-4c）；如果四面都有建筑，则分别为正房、厢房和倒座，这也是最典型的四合院形式（图3-4d）。

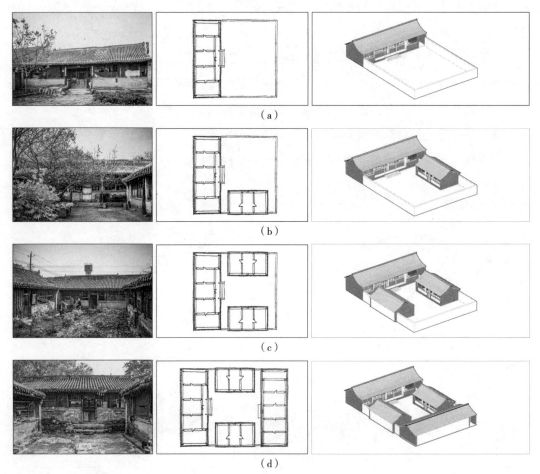

（a）

（b）

（c）

（d）

图3-4　一进院的四种形式

（资料来源：作者绘制、拍摄）

3.1.2 二进院

二进院是指在设计初期纵向分别以两个院子为中心，周围由建筑和墙体围合形成的院落。二进院的组合方式有两种，一种是后面的一进院只有院子而没有建筑（如图3-5a、图3-5b），前面的一进院是上述中一进院的四种基本组合形式，通常这种形式是利用墙体分隔前后院落；两进院的另一种组合方式是在一进院的基础上在后院再增加一组一进院的基本形式（图3-5c、图3-5d）。二进院院落有大有小，不存在传统北京四合院中明显的二进院小于一进院进深的规

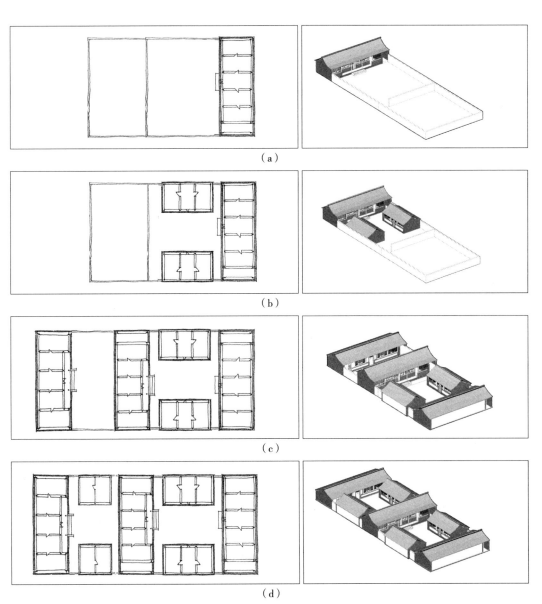

（a）

（b）

（c）

（d）

图3-5 两进院的基本形式
（资料来源：作者绘制）

律。在榆林堡村落中院落受用地的影响较大，几乎每家每户都有后院，所以二进院是榆林堡村落经常出现的一种形式，过道这一建筑要素为二进院的交通提供了便利。

3.1.3 三进院

三进院是指在建造初期纵向以三个院落为中心，周围被建筑和墙体围合形成的院落。三进院也分为两种形式，一种是最后一进院落只有一排房子（图3-6a），另外一种是最后一进院落为三合院的形式（图3-6b）。第一种情况中第三个院落一般会明显比前两个院落小且狭长，传统四合院中把这一排房子称之为后罩房。第二种情况通常被用于大户人家，在榆林堡村落中极少出现。

3.1.4 跨院

跨院分为两种，一种是在一进院或两进院的基础上两侧中的一侧加一排房子或是一个院子；第二种是在一进院或两进院的基础上并列加一组院落的形式。

跨院的第一种形式通常是因为用地的面积大于一个院落的模数，且小于两个院落的模数，所以会在侧面加盖一排房子或者因为面积太小只能设置为院子（图3-7a）。这只是其中一种情况，还有一种情况是大户人家为了避免与仆人之间的路线交叉而预留出一个侧院供仆人日常使用。如杨家大院（测绘中的3号房），在西侧预留了专供仆人使用的院子。

跨院的第二种形式，通常是两个同等大小的院子并列在一起（图3-7b）。一般大户人家常采用该种形式，兄弟之间各处一院但共用一街门。在现代也存在邻里之间几个院并列排布共同使用一个大门的情况。

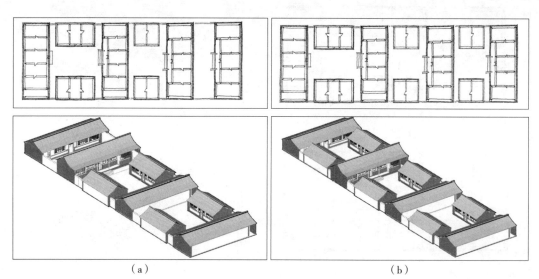

（a）　　　　　　　　　　　　　　　　（b）

图3-6　三进院的基本形式

（资料来源：作者绘制）

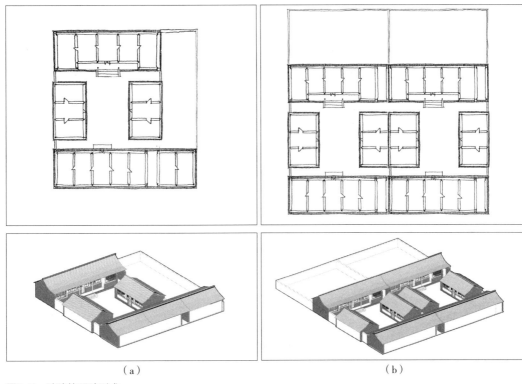

（a） （b）

图3-7 跨院的两种形式

（资料来源：作者绘制）

3.1.5 商居院

按建筑功能划分院落类型为两类，一种是普通合院，其建筑和院落空间仅单纯用作生活居住，上一小节中所述的几种院落形式从建筑功能看均为普通合院；另一种院落类型是商居院，其建筑和院落空间的功能集商业、生产和生活于一体。

商居院的商用部分多集中在榆林堡人和街（商街）处并且对外开门或开窗，这种平面布局方式是为了满足居住私密性和商业开放性的双重需求，属于前店后宅的形式。当年这类功能的商铺密布在人和街两侧，形成繁华的商业街区。商居院现存较少，仅存榆林堡西大街10号这一完整店面（图3-8）。曾几何时这里从东到西商铺林立，车水马龙。根据资料记载，在1937～1948年间，商铺从东至西分别为：王家店（王殿选）、宋家店（宋合宝）、吕家车马店（吕永德）、德丰恒（吕全、吕瑞）、永升隆（赵文升）、油房（曹天恩）、缸房（作酒）、副食店（王志佑）、药店（赵存）、当铺、奚家店（奚存仁）、杂货店（刘增荣）、孙家店（孙连湘）、仁合店（吕恺）、羊店（李秀），等等（括号内人名部分为店主，部分为房主）。

榆林堡西大街10号，位于人和街中段，属于商业黄金地界（图3-9），相传榆林堡第一家店铺就是这座院落。整条人和街（南城大东门至大西门）长245米，现街道宽4～5米。西

图3-8　榆林堡西大街10号的位置
（资料来源：作者绘制）

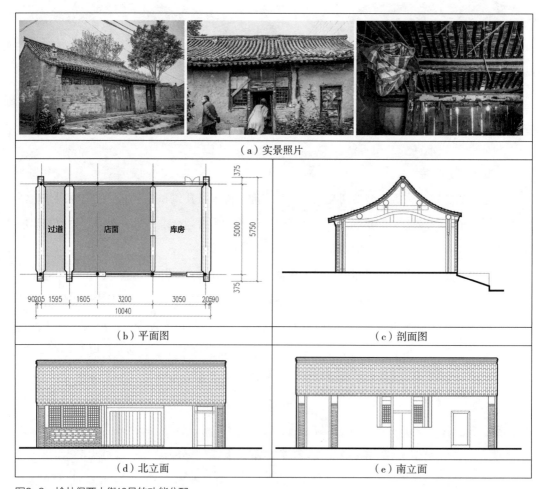

（a）实景照片

（b）平面图

（c）剖面图

（d）北立面

（e）南立面

图3-9　榆林堡西大街10号的功能分配
（资料来源：作者绘制、拍摄）

大街10号沿街立面侧采用坡道的方式解决了整个街道与其存在的高差问题。其建筑平面布局为三开间的抬梁式建筑，其中两开间合为一间作为铺面，另一间作为库房（图3-9）。铺面采用大面积的木板门作为做生意的门面和窗口，而库房却向院内独立开门。

3.2　院落功能关系

根据院落类型的相关研究，榆林堡的院落存在固定的空间布局形式，且院落的功能起到了决定性作用，现将榆林堡院落的功能分述如下：

3.2.1　居住功能

居住功能是院落的主要功能。当今的居住功能包括起居室、餐厅、厨房、卧室和厕所五部分，这五部分在榆林堡民居中是不可或缺的（图3-10）。以正房为例，明间作为起居室，成为整个院落的中心。正房的明间同样担负着厨房和餐厅的功能，所以会在明间靠近门的位置设置灶台。对于卧室这一功能，正房除明间外，其他房间供长辈居住，晚辈通常是居住在厢房或者其他房间，后罩房多住仆人或者用来饲养牲畜，这种居住功能的分配严格遵循长幼秩序。

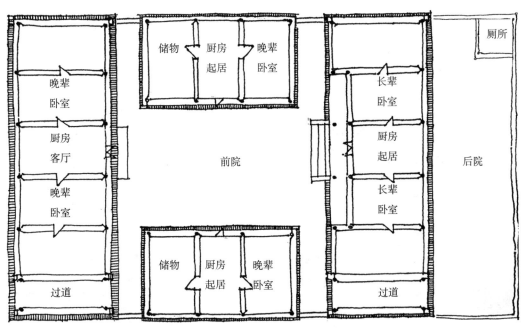

图3-10　四合院功能分布图

（资料来源：作者绘制）

3.2.2 社交功能

从古至今，人与人之间的交流是社会生活中不可或缺的一部分，以前由于交流方式有限，只能通过串门到家里做客等传统的社交方式进行交流。因此每家都设有客厅用来会客，通常设置在倒座。客厅不仅具有接客功能，一般还会与其他功能并存，这种方式可以充分利用建筑空间。

3.2.3 祭神祭祖功能

榆林堡院落的一个特殊功能是祭神祭祖，虽然在北方院落中通常没有奉祖的排位和祠堂，但在榆林堡院落中的影壁上偶尔也会出现神龛（图3-11），通过调研发现这些神龛的作用是用来敬门神，并无其他特殊功能。虽然只是极个别案例，但同样体现了祭祖的习俗。

3.2.4 体现秩序

在封建体制下所建造的房子遵循着当时的社会伦理和社会秩序，同样在分家时也是如此。榆林堡村落在修建房子时则遵循着"门为宅主，房为宾客"的社会秩序。以街道南侧的民居为例，街门都在西北角，被称之为乾门，在此体现"门为宅主"的说辞；街道南侧被称之为坎宅，南侧建筑高于北侧建筑（正房高于倒座），东侧建筑不能低于西侧建筑（东厢房低于西厢房），北侧建筑高度是整个院落中最矮的建筑物（倒座），道路北侧反之（图3-12）。整个院落布局采用的是常见的中心对称和中轴对称的处理手法，建筑单体的高度和院落布局都体现了整个社会的秩序，这种从空间布局制造出的震慑感是北方建筑常见的一种表达方式。

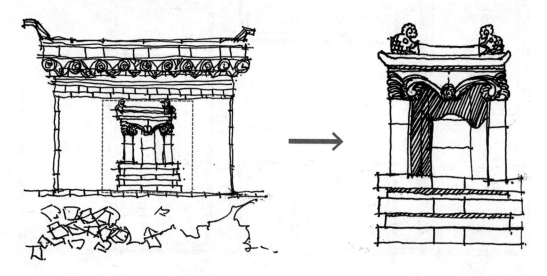

图3-11 有神龛的影壁

（资料来源：作者绘制）

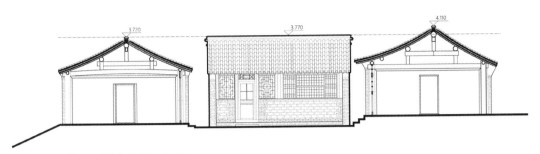

图3-12　正房、厢房和倒座的高度关系
（资料来源：作者绘制）

　　兄弟间分家时老大分正房，老二分东厢房，老三分西厢房等，这种秩序在第一部分强调的居住功能时也同样体现了严格的老幼尊卑秩序。因此，无论是在建造房屋时，要考虑整个院落布局的秩序，还是在分家时，也需要考虑长幼有序的原则，院落的秩序功能从物质层面到精神层面都体现得淋漓尽致。

3.3　院落空间关系

　　空间关系中最重要的是院落中各组成部分之间的相互联系，榆林堡民居包含正房、东西厢房、倒座、围墙、坡道和院子六种建筑元素（图3-13）。通过分析这些组成部分的关系进一步了解榆林堡民居院落的营造特点。

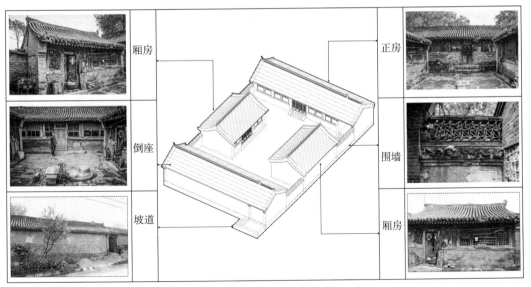

图3-13　院落六种组成部分
（资料来源：作者绘制、拍摄）

院落的空间关系包括空间围合、平面布局和立面错落三种。

3.3.1 围合关系

院落中所有建筑物的平面关系和立面关系的组合最终形成院落的围合关系，围合关系是形成院落空间关系的基础。榆林堡合院式民居由六种建筑元素围合形成，不同建筑元素巧妙地组合构建出榆林堡民居的独有特色和风貌。

1. 建筑单体

其中六种建筑元素中正房、厢房和倒座属于建筑单体范畴，建筑单体在六种建筑元素中占据较大比重，是平面和垂直关系的重要部分。正房是院落的主体，开间、进深和建筑高度的尺寸及用料质量都是最高标准。开间有三间一过道（图3-14a）、四间一过道（图3-14b）和五间一过道的形式（图3-14c），通常正房的进深为五檩（图3-15a、图3-15b）、六檩（图3-15c）和七檩三种形式（图3-15d），其中五檩包括内爽廊、六檩是前出廊（六檩前出廊可增加正房的空间层次），七檩是包括前后檐廊的形式，这三种形式屋顶均采用硬山且带有屋脊的构造。

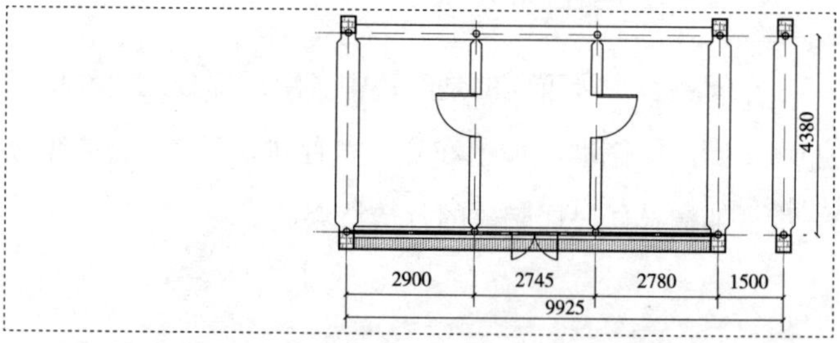

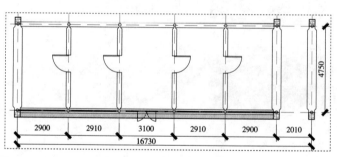

图3-14a　三开间一过道形式
（资料来源：作者绘制）

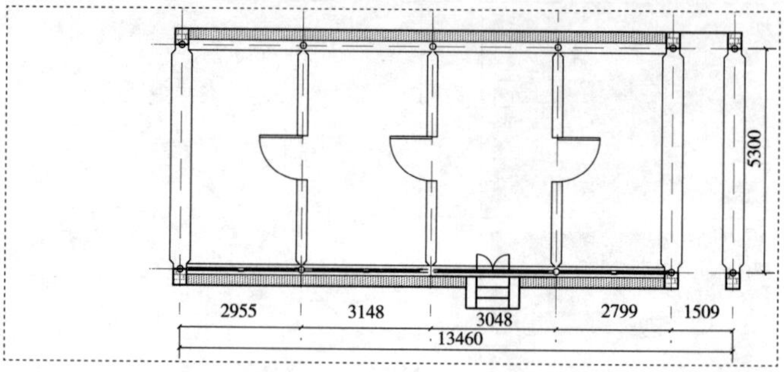

图3-14b　四开间一过道形式
（资料来源：作者绘制）

图3-14c　五开间一过道形式
（资料来源：作者绘制）

正房占据的整个南面（或北面）自然形成一道围合
屏障；倒座的形式与正房一致，但进深和开间尺寸均次
于正房，在北侧（或南侧）形成围合。

厢房的地位次于正房高于倒座，位于院落的东西
两侧，面宽为两开间或三开间，进深为五檩，开间和
进深都小于正房，因要保证正房和倒座的采光和生活
流线，厢房不能形成自然围合关系，需与围墙配合
（图3-16）。

2. 围墙

围墙是院落中重要的围合要素，明确分隔出每处院
落的范围，能够起到阻隔内外的作用。在有建筑单体的
院落中，围墙的主要作用是补充厢房与正房和厢房与倒
座间的空隙，在没有建筑单体的院落空间，则四面围墙
形成院子，围墙的高度在2米左右。围墙呈现不同形式，
其中有整面墙体无镂空处理（图3-17），使整个院落的
私密性得到保障；也有镂空处理形式围墙（图3-18），
这种围墙会高于2米，高度在2.2米左右，既保证了私密
性，也增加了美观性。当地的围墙采用的是青砖做基
础，土坯做内心，加披檐与装饰性线脚的构造。因为经
济条件等因素，围墙的材料和形式并不拘泥于该基本形
式（图3-19）。

3. 坡道

坡道虽然并不属于竖直围合体系中的一部分，但是
在平面关系中的作用至关重要，是连接街道与院落的重
要部分，因为地形和排水等问题，榆林堡民居普遍院落
比街道要高0.7米（图3-20）。坡道这一部分原来采用台
阶，现在因为更多的运输工具都趋近于轴承化，使其从
台阶变成坡道，方便车行。坡道起到连接内外的过渡作
用，同样是一家一户、空间内外的分界点，也是院落的
起点。

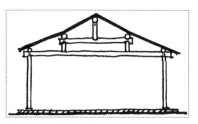

图3-15a 五檩进深
（资料来源：作者绘制）

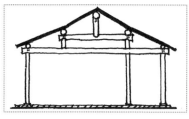

图3-15b 五檩内爽廊
（资料来源：作者绘制）

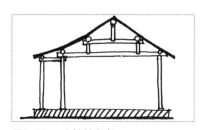

图3-15c 六檩前出廊
（资料来源：作者绘制）

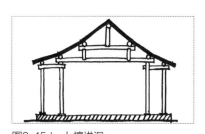

图3-15d 七檩进深
（资料来源：作者绘制）

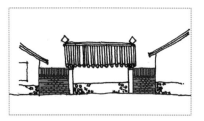

图3-16 厢房与围墙形成围合
（资料来源：作者绘制）

图3-17　无镂空墙体
（资料来源：作者拍摄）

图3-18　镂空墙体
（资料来源：作者拍摄）

图3-19　材质不拘一格
（资料来源：作者拍摄）

3.3.2　平面关系

1. 正房和厢房（图3-21、图3-22）

通常正房的朝向和位置均为最佳，一般在合院式建筑中的地位最高，体量也是最大，是整个院落的中心。在正房两侧的厢房，不管在哪一方面，比如位置、朝向、体量还是地位都只是作为正房的陪衬。所以一般在同一进院落中厢房的进深要比正房的略小，在平面上也要体现正房的地位。在传统观念中正房的平面也同样占最佳地理位置，

图3-20　民居中的坡道
（资料来源：作者拍摄）

街道北侧的建筑，正房平面占生位，厢房则占六位。以榆林堡小北街14号院落为研究对象，正房的进深为1.5丈（1丈约合3.3米），面宽为4丈；厢房的进深为1.2丈，面宽为2丈，通过两组数据进行对比以达到验证上述结论的效果。

2. 正房和倒座

正房和倒座在平面上位于同一纵向轴线，同样为了突出正房的地位，同一进院中倒座的进深要比正房稍小。是在榆林堡民居中，有些正房的朝向不一定比倒座朝向好。这是因为地势和建筑分布在街道两侧，而高的建筑被称之为正房，因此朝向不一定坐北朝南，这也是该地独特的一面。同样以堪舆学的角度，平面上倒座都位于坎位，而正房在生位。以榆林堡小北街14号院落为对象，正房的进深为1.6丈，面宽为4丈，高度为1.3丈；倒座的进深为1.5丈，面宽为4丈，高度为1.2丈。

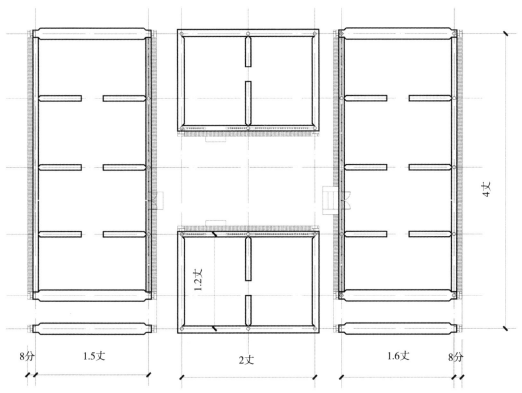

图3-21　榆林堡小北街14号院落平面图
（资料来源：作者绘制）

图3-22　榆林堡小北街14号院落剖面图
（资料来源：作者绘制）

3. 大门和倒座

大门通常位于倒座的一角，倒座在南侧则门位于东南角，倒座在北侧则大门位于西北角。大门是倒座的一部分，但是进深通过出挑的墙体加大，并且正对厢房山墙上的座山影壁。无论是在进深和形制上大门都要比倒座本身更为讲究，这是因为历来都把大门作为显示地位和财富的标志，所以要突出大门的形象。以榆林堡小北街14号院落为对象，大门两侧墙体南北向会比倒座前墙和后墙边缘多出挑8分。

4. 院落的平面比例

榆林堡民居中院落平面多为矩形，整个村落中多为纵向院落，横向院落较少。院落大小和尺度并不唯一，针对每一院落中的一进院来说纵向院落的长宽比为1.2∶1～2∶1之间。通常纵向院落的尺寸为3丈×6丈或5丈×6丈，横向院落的长宽比在1∶1～1∶1.3的范围内，大部分横向院落的尺寸为6丈×7丈。

以两进院为例，院落的长宽比的跨度较大，在2.4∶1～4∶1之间，这是由于两进院受用地的影响较大，若宽度为3丈，则长度可能为12丈；若宽度为5丈，长度也有可能为12丈，因为这类情况的出现，则会出现较为悬殊的比例关系。通过总结一进院与两进院院落的长宽比，发现可以根据一进院推测出两进院的比例关系，通过研究比例关系将会发现整个院落体系中存在某种模数关系，这种关系也可能影响着整个古城的布局。

其中院落中院子的长宽有一定的比例关系，范围在1.625～2之间。院子多为矩形，通常都以正房和倒座轴线为长边，很少出现横向院子（图3-23）。

3.3.3 立面关系

从建筑立面关系进行研究，通常是比较建筑整体的高度。但是这种高度上的突出，主要受三种因素的影响：明台、柱子和屋顶。分述如下：

1. 建筑明台高度

明台是指露出地面的台阶。该村落民居中一般正房的明台要比倒座和厢房至少高出两个台阶，每个台阶的高度在300毫米左右。厢房和倒座之间通常用纵砌的一层丁砖或一层丁砖和一层顺砌砖作为明台（图3-24），因此厢房和倒座的明台高度没有明显的区别，所以明台的高度主要对正房高度影响较大。

2. 建筑柱子高度

柱子的高度是受开间进深的影响，因为正房进深最大，柱高也会相对较高。厢房的进深较小，柱高比正房略低，倒座和厢房进深接近或相等，柱高基本一致。但是根据院子的大小宽窄和周围环境的不同，柱子的尺寸会做出相应调整，主要目的是为了满足功能和视觉要求。

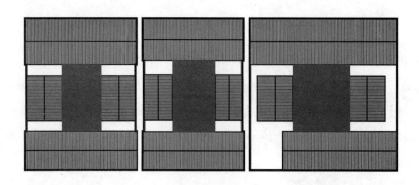

图3-23 矩形院子
（资料来源：作者绘制）

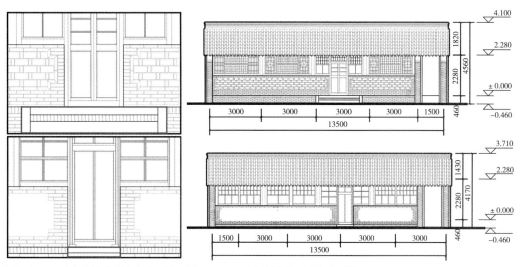

图3-24　正房与倒座的明台高度对比　图3-25　正房与倒座的屋顶高度对比
（资料来源：作者绘制）　　　　　　　（资料来源：作者绘制）

3. 建筑屋顶高度（图3-25）

建筑的屋顶，如果坡度一样的话，那么进深越大，屋顶也就越高，所以正房的屋顶最高，倒座和厢房相似或者倒座略矮。如图3-25中倒座的屋顶为1520毫米，而正房的屋顶高为1820毫米。

4. 院子与立面的比例关系

在榆林堡民居院落中院子的长度与正房高度也有一定的比例关系，比值通常在2~2.4之间，这个比值在芦原信义的研究中表示（图3-26），若视点在院子距离正房最远处，则可以浏览到完整的正房建筑。这就是说明居民在榆林堡的民居院落建造中已经意识到能够有更好的视角观察房屋的整体，反映了民居具有一定的观赏性，同时体现了居民的审美意识。同理厢房的高度与院子的宽度也存在同样的关系，通过分析几个测绘院落，发现比例关系为1~2之间。这种比例在芦原信义的研究中表示为一种空间平衡的状态，也是一种最紧凑的尺度关系，所以在合院的建筑中也是满足了开阔但不疏远的意境，同时也满足了小气候的调节，适宜人居住。

综上所述，无论是在建筑的平面还是立面关系中，正房的地位都不可撼动，体量、明台、柱子高度都很突出；厢房和倒座根据多种因素的影响，会有不同的体量，但是都不会超过正房。这种明显的固定关系构成了主次分明的空间布局，但是又因为整个院落存在着固定的比例关系，这种布局方式把建筑的韵律体现得淋漓尽致。

图示	角度	人的视觉
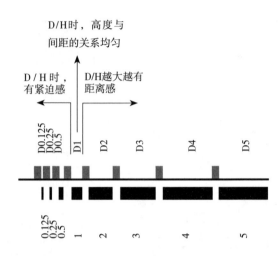	α=45°	观看建筑单体的极限角，这时人倾向于观看建筑细部，而不是建筑整体
	α=27°	有很好的围合感，这时人可以较完整地观察到围合建筑的整体立面构图以及它的细部
	α=18°	人倾向于看建筑与周围物体的关系，这是对空间围合感觉的最小角度
	α=14°	人们就几乎感觉不到空间的闭合，远处的建筑立面只有边缘的作用

图3-26 人的视觉角度及宽高比示意图
（资料来源：作者绘制）

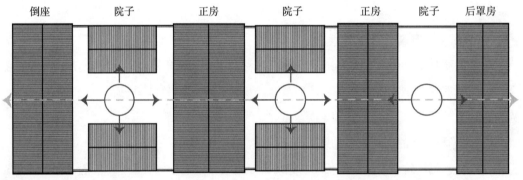

图3-27 院落的轴线分析
（资料来源：作者绘制）

3.3.4 轴线关系

在北京四合院以中轴线作为组织单体、构建空间的秩序控制线。榆林堡民居也不例外的强调轴线对称，并且根据轴线构建主次分明的空间秩序，塑造整个院落含蓄的内涵和气质。榆林堡村院落空间布局方式有两种形式，分别为轴线对称和中心对称（图3-27）。

1. 轴线对称

榆林堡民居根据街道规划而建，强调南北轴线，而不像其他京郊村落中会因为地理环境的变化，导致相互之前轴线的方位会有较大变动。而通常轴线对称的定义是通过轴线两侧对称，而榆林堡民居因为存在过道这一建筑元素，使得整个院落的中心轴线与正房和倒座明间的中心连线并不重合（图3-28），这也是该地的独特之处。整个院落的轴线对称构成了东西厢房在整个院落中的对称关系，而明间中心连线的轴线，使整个倒座与正房形成明间、次间

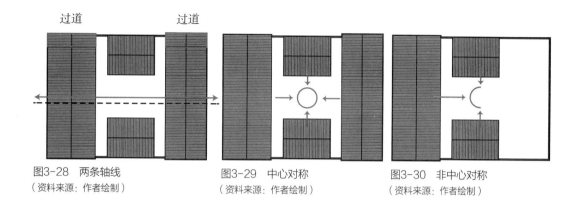

图3-28　两条轴线
（资料来源：作者绘制）

图3-29　中心对称
（资料来源：作者绘制）

图3-30　非中心对称
（资料来源：作者绘制）

和梢间的轴线对称。虽然存在两条隐形的轴线，但院落整体对称关系成为主导，配合有序的空间布局，并没有因此影响严明的空间布局秩序。

2．中心对称

中心对称是通过以院子为中心，建筑对称布置，只有合院式的院落遵循这种规律。四面有建筑，围合形成院子，且东西和南北具有向心性。四合院则符合这一原则，以院落为核心，四周布置正房、东西厢房、倒座四组建筑，使整个院落在平面形成中心对称布局（图3-29）。三合院南侧没有建筑单体，所以不满足中心对称的条件（图3-30）。

3.4　院落间的组合方式

3.4.1　院落间平面的组合方式

榆林堡村落民居的院落间组合形式基本是固定的，造成这种情况的原因可能因为道路的规划在先，为保证院落的南北朝向，街巷主要是东西的横向划分，所有民居都规整的布置在街巷两侧，通常街道南侧的民宅街门布置在西北角，街道北侧民宅街门布置在东北角。榆林堡古城中横向街道之间的距离分别为21丈（约70米）、12丈（约40米）、30丈（约100米），根据街道的间距，院落间的组合方式也将会随之固定。

1．横向院落组合方式

横向院落组合主要受正房和倒座的开间影响，在前面也提过在榆林堡民居中常见的三种开间形式，分别为三开间加一过道、四开间加一过道和五开间加一过道。根据每家每户的财力进行分地或者修建房屋，形成院落横向串联。几种固定的组合形式如下：三开间与四开间院落、四开间与四开间院落、四开间与五开间、五开间与五开间院落间的组合（图3-31）。横向串联只有简单的组合，一般是根据两条竖向街道的间距，提前规划好横向串联的数量，从而达到固定的组合方式，详见模数章节的研究。

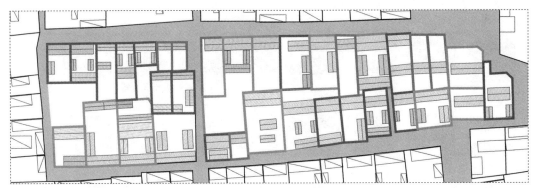

图3-31　横向院落组合的几种形式
（资料来源：作者绘制）

2. 纵向院落组合方式

纵向院落的组合方式很简单，根据街道间的距离进行组合，后面章节会详细讨论院落组合的原因，在本节只论述组合方式。根据街道间距的宽窄，存在四种形式，若街道间距为12丈左右时，则纵向院落的组合方式有两种。12丈这样的间距可以满足布置一座两进院的进深，则两街道间只需布置一处两进院落（图3-32）；若选用规模小的一进院，在两个街道间则需要布置两处一进宅院（图3-33）。若道路间距为21丈，这样的间距在榆林堡院落中可以布置三进院（图3-34），另一种布置方式是在街道间放一个两进院和一进院的组合形式（图3-35）或者带有两个小后院的两进院的形式（图3-36）。若道路间距是30丈，三进院与两进院的组合能够很好地满足这一间距（图3-37），但是在竖向临街处也会出现两处两进院与一进院的组合（图3-38）或出现三进院与两处一进院的组合（图3-39）。

这种院落的组合方式既能控制整个古城的土地使用量，又能够更方便地管理居民的日常生活，同时形成规整且富有节奏的院落布局，构建有组织的密集型组团的居住环境。

3.4.2　院落间的空间组合方式

每个院落之间存在固定的空间模式，院落和院落之间也同样存在固定的模式。院落间的交接，需要从每个院落独栋建筑的交接方式进行研究，并且应该根据横向院落相接和纵向院落相接的两种形式入手，下述内容将从横向和纵向院落中的正房与正房、厢房与厢房、倒座和倒座的交接进行论述：

1. 两院落中正房（倒座）与正房（倒座）交接

在整个街道中，正房或者倒座为了保证整个街道的整齐度通常是紧紧相连，所以在交接处会有两种形式。一种是共用山墙（图3-40），另一种是各自独有山墙（图3-41）。这两种形式的存在主要受两种因素的影响，分别是修建时间和居民血缘关系。

尺寸	组合形式
12丈	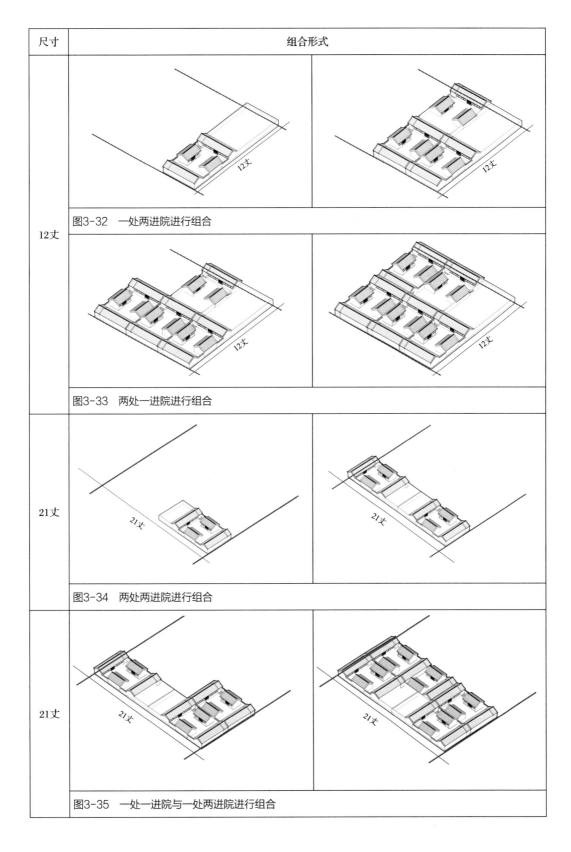
21丈	
21丈	

图3-32　一处两进院进行组合

图3-33　两处一进院进行组合

图3-34　两处两进院进行组合

图3-35　一处一进院与一处两进院进行组合

尺寸	组合形式
21丈	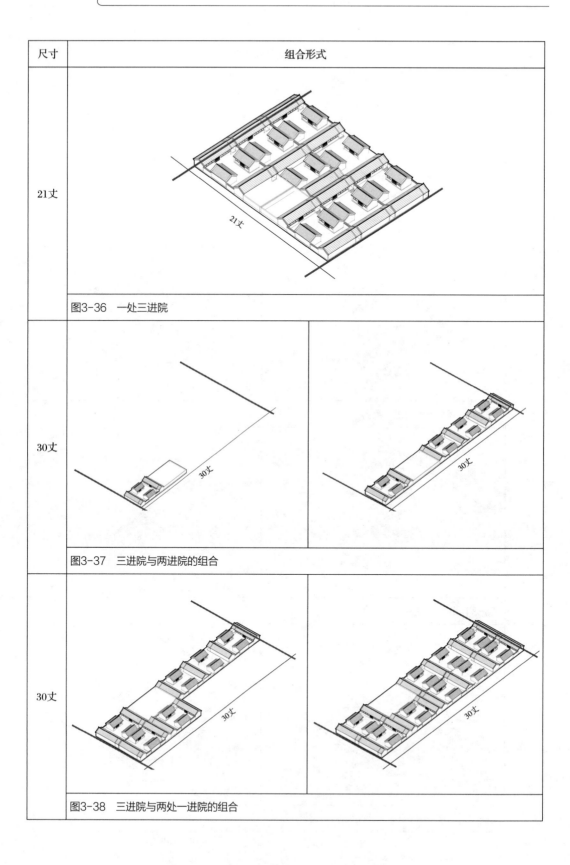图3-36　一处三进院
30丈	图3-37　三进院与两进院的组合
30丈	图3-38　三进院与两处一进院的组合

尺寸	组合形式
30丈	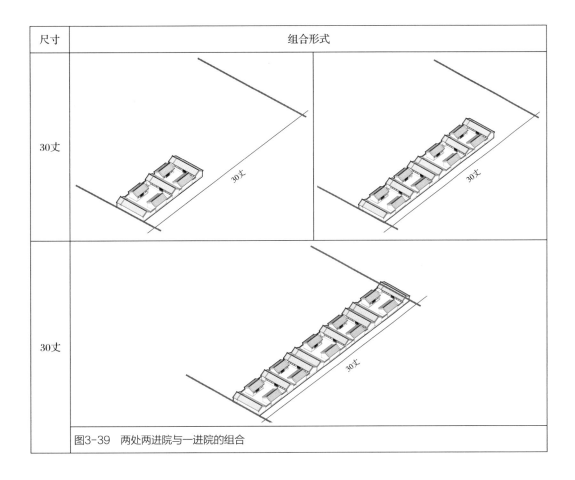
30丈	

图3-39　两处两进院与一进院的组合

其中两个院落同时修建且院落主人有血缘关系（如兄弟）时，多采取共用山墙的模式；或者邻里关系较好，在修建时为了节省材料而采取这种修建方式，这也是此种修建方式最大的优点。共用山墙两个院落的倒座或者正房的位置和高度必须相同，建造有一定的局限性，但有利于提高整个街道的整齐度（图3-42）。因为受到两种因素的影响，这种方式使用较少。

各自独有山墙的这种做法多被采用，因为不会受到修建时间和血缘关系的限制，且可以调节房屋的位置和高度。各自独立的山墙也有紧靠（图3-43）和分离（图3-44）的两种形式。紧靠的比较常见，因整个街道的规划限制，每家都尽可能扩大自家的面积；分离形式出现的原因主要有两个，一是地理环境，二是其中一户倒座没有过道。

上述内容主要阐述的是横向院落相接的情况，在纵向院落之间的交接中，存在着正房与正房的后檐墙的交接（因榆林堡民居沿街的院落且低矮的建筑为倒座）。这种交接因为是后檐墙和后檐墙的交接，所以与横向厢房与厢房的交接有相同之处。

2. 两院落中厢房与厢房交接

厢房之间的交接比正房或者倒座的交接复杂，但是基本做法相同。因为两厢房毗邻，考虑排水问题将成为重要环节，所以交界处要考虑修建不同的排水天沟。共用后檐墙或两个独立的后檐墙紧靠时，通常设置一个排水口，但此时排水口的位置将出现矛盾，中国传统民居的习惯是水流到自家院落，后屋檐的处理也将成为问题，所以这种形式很少使用。

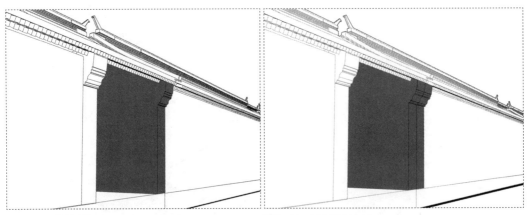

图3-40　共用山墙
（资料来源：作者绘制）

图3-41　各自独有山墙
（资料来源：作者绘制）

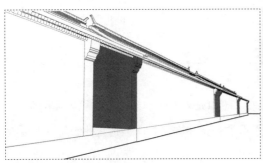

图3-42　共用山墙街道整齐度
（资料来源：作者绘制、拍摄）

图3-43　紧靠式
（资料来源：作者拍摄）

图3-44　分离式
（资料来源：作者拍摄）

图3-45　围墙做厚形成天沟　图3-46　单坡屋顶
（资料来源：作者拍摄、绘制）　（资料来源：作者拍摄、绘制）

通常使用的是两个独立的后檐墙，且与院墙保持有一段距离围墙做厚（图3-45），与屋檐搭接形成天沟，这样方便砌筑排水沟且可以设置独立的排水口，屋顶后檐也会有出挑，使整个厢房屋顶更有美感，此方式也出现在正房与正房的交界处。

在厢房交接处，也会出现另外一种交接方式，两个院落的厢房虽采用独自的后檐墙，但是采用单坡屋顶的形式（图3-46），解决了各家各户的排水问题，同时提高了整个院落空间的利用率，避免了建造天沟占用空间。这种交接也是解决院落与院落交接的常用方法。

小结

本章通过从院落形制和院落功能两个方面对其类型进行总结，发现院落的发展规律；深入分析院落功能关系与空间关系，梳理院落建筑单体之间的差异及单个院落空间的布局关系，从而了解榆林堡院落与其他民居院落的异同；院落与院落之间的组合方式，是形成聚落空间的重要因素，对院落的平面组合与空间组合进行探究，最终了解整个聚落空间的发展趋势。

1．院落的形制通常以院子为中心，建筑和围墙围合形成院落，其中一进院为基本院落形式，其他院落以一进院为原型进行演变。

2．院落的功能分为纯居院和商居院，商居院的特征不仅用于居住，同时还进行商业活动。在建筑形式中与纯居院的开门类型不同，纯居院通常只在梢间开一街门，而商居院则在明间和次间开一大扇门，形成做生意的门面。

3．榆林堡的围合要素中不同于其他聚落的要素是存在坡道，其存在证明榆林堡充分利用地形建造院落，形成独特的建筑风格。

4．榆林堡院落布局受街道间距影响，间距的固定院落的组合形式也会随之固定。

5．院落的空间组合形式受修建时间、血缘关系和排水处理三大因素的影响。

第4章　榆林堡空间模块营造研究

4.1　聚落空间与模块体系

榆林堡村落外有城壕，内有城墙的形制，属于"堡"的范畴，在绪论中曾提到榆林堡是延庆地区长城戍边堡寨，本章将从榆林堡堡寨这一属性进行分析研究。

"堡"的定义有城墙的村镇。"堡"作为古代城市演变的形式之一，在选址和自身防御措施中，对外都有较强的战略性，对内布局也存在自身的特点。其中在《村落规划模数制研究》论文中阐述了村堡与里坊制有异曲同工之妙，"类似的居住形态和管理制度并没有因此而销声匿迹，尤其在一些偏远的小城或乡村聚落还发挥着它的职能，'堡'或许正是这种类似里坊的居住形态的遗存。因此，在研究堡寨聚落时，堡寨的规划布局是否存在与里坊制城市相似的模数制关系成为研究的重点。"里坊制的特点是院落由围墙包围，形成独立院落群，且院落与街道、院落与整个古城都存在着明显的模块及模数关系。院落在整个模数关系的过程中起到至关重要的作用，并作为衡量模数的基本单位。

4.1.1　模数与模块

"模数"一词有两层概念，第一层是基本尺度单位，第二层是一个标准系数。作为基本尺度单位，模数是确定聚落、院落、建筑单体、构件等尺寸的基准；作为标准系数，由于一系列模数尺寸都是模数的倍数或分数，因此模数在规划设计、建筑设计、制造与安装的尺寸中起到协调的作用；模块是聚落、院落、建筑单体及构件中的一个可重用的标准单元。

明清时期，民间的量地工具大多采用丈杆，因此在量地时以丈为基本尺度单位。

在榆林堡聚落中不仅平面上存在模块及模数关系，还在立面上也存在同样的关系。以下内容将从榆林堡聚落与院落、院落与建筑单体的模块与模数关系进行介绍。

4.1.2　院落作为双城营造模块

里坊制棋盘式的布局模数关系较为直观，而榆林堡古城布局的模数关系并不直观。因而采用测绘与分析的方法进行研究。通过对村堡中院落的尺寸、组合以及道路的规划特点进行归纳，在模块规律并不规则的榆林堡中寻求其是否保留有模数概念，从而推测榆林堡村院落及建筑单体与布局的模数关系（图4-1）。

图4-1　里坊制与榆林堡村落的模数关系对比
（资料来源：作者绘制）

4.1.3　单体作为院落营造模块

研究模数关系的基础是找到适当的基本模块作为模数单位，而在聚落中基本模块存在两个层面。第一个层面是从宏观层面出发，以街门为界限的完整院落（如一进院、二进院、三进院及跨院）为研究对象，该基本模块是作为整体聚落布局模数研究的基础；第二个层面是微观层面，以院落中的建筑单体入手，如正房、倒座和厢房，通过对建筑单体尺寸的研究总结，从中归纳院落组合形式，从而验证第一个层面得到的相应结论。

1. 以整个院落为基本模块1（图4-2）

在古代布局中院落为主要组成要素，通过排列组合最终形成村落或城市。院落的概念界定为以院落大门（街门）和院墙作为一家一户的界限。通过已有的测绘图纸和实地调研分析研究，可以观察到榆林堡院落呈长条状且十分规整，具有很明显的单元特征。在上一节也提及院落由一进院、两进院、三进院和跨院等基本组合形式，这也说明院落本身就存在一般规律。对于院落特征及布局的初步判定，其在村落模数布局中有至关重要的作用，应该选择街门为单位的院落作为基本模块之一。

2. 以建筑单体为基本模块2（图4-3）

每进院是由正房、厢房和倒座组成，若基本模块1为一进院或第一进院，则基本模块2需要对基本模块1进行细分，综合细分的数据结果，可能会形成每部分的模数关系。因榆林堡村中院落的排布规律是沿街道两侧布置，所以在该村院落中倒座与正房的位置并不符合坐北朝南的传统布置原则（图4-4）。本章对正房与倒座的位置进行界定，倒座在整个院落中临街且处于地势低的位置，正房反之。

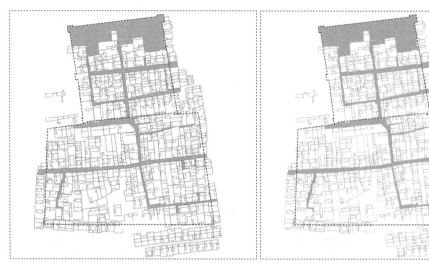

图4-2　基本模块1的统计范围
（资料来源：作者绘制）

图4-3　基本模块2的统计范围
（资料来源：作者绘制）

图4-4　院落中单体的位置关系
（资料来源：作者绘制）

4.2　从单体模块到院落模块

根据六处院落精测及其他院落粗测的结果显示，榆林堡北城院落的面积在196.02～1143.45平方米之间。其中最小院落为一进院，尺寸为3丈×6丈，最大的院落面积是一处跨院，约为7丈×15丈；南城院落中虽有些院落稍有不同，但院落的面积范围基本一致。以大量的数据为基础，可得到大院落与小院落长宽之间存在倍数关系，所以最小一进院落的尺寸作为基本模块1。

4.2.1　正房模块

正房为最初研究对象，通过调研测绘数据发现。

正房有几种类型：分别为三间一过道、四间一过道、四间一过道有出廊或爽廊（檐柱廊）、五间一过道有出廊或爽廊。

正房尺寸：

以三开间一过道为研究对象，这种形式现存的古民居位于人和街中商铺榆林堡西大街10号，其他对象多为改建过的房屋，正房每开间尺寸多为3000毫米×5000毫米（9尺×15尺）。

以四开间作为研究对象，四开间一过道尺寸分为两种形式：

每开间尺度约为3000毫米×5000毫米（9尺×15尺），过道开间约为1500毫米（4.5尺）（A）（图4-5）。3500毫米×4500毫米（10.5尺×13.5尺），过道开间约1700毫米（5尺）（B）（图4-6）。

以五开间作为研究对象，正房有两种分类分别为：3000毫米×4833毫米+2000毫米（9尺×15.5尺+6尺）（A'）（图4-7）和3166毫米×5500毫米+2000毫米（9.5尺×16.5尺+6尺）（B'）（图4-8）。

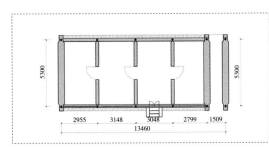
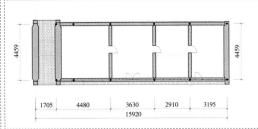

图4-5　A类型正房
（资料来源：作者绘制）

图4-6　B类型正房
（资料来源：作者绘制）

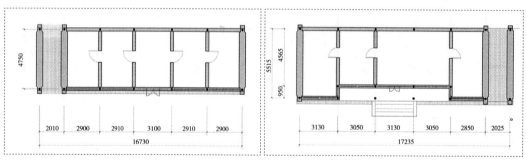

图4-7　A'类型正房
（资料来源：作者绘制）

图4-8　B'类型正房
（资料来源：作者绘制）

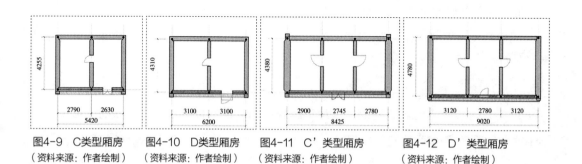

图4-9　C类型厢房
（资料来源：作者绘制）

图4-10　D类型厢房
（资料来源：作者绘制）

图4-11　C'类型厢房
（资料来源：作者绘制）

图4-12　D'类型厢房
（资料来源：作者绘制）

4.2.2　厢房模块

厢房分为两种类型：两开间和三开间。

厢房尺度：以正房四开间作为研究对象时，发现厢房只有两开间的形式，同时尺寸有两种情况，约2667毫米×4333毫米（8尺×13尺）（C）（图4-9）和3166毫米×4333毫米（9.5尺×13尺）（D）（图4-10）。

4.2.3　组合方式

当正房和倒座同为五开间时，厢房的形式为三开间，尺寸也有两种情况，约2833毫米×4333毫米（8.5尺×13尺）（C'）（图4-11）和3000毫米×4833毫米（9尺×14.5尺）（D'）（图4-12）。

倒座同正房形制相似，但只有三种类型：三开间加一过道、四开间加一过道、五开间加一过道。

倒座尺度和正房尺寸也相似，只是不出现有檐柱的情况，进深也稍有变化。

正房、厢房和倒座这些基本单体对象虽有多种形式，但在组合过程中仍有几种固定的组合方式（表4-1）。

根据测绘数据和上述研究，几种组合方式如下，以上面尺寸字母为代号。

榆林堡村落一进院落组合方式 表4-1

类型	正房开间数	正房代码	正房与倒座开间尺寸	厢房代码	厢房开间数	厢房开间尺寸	过道代码	过道尺寸	组合方式
1	四开间	A	9尺×15尺	C	两开间	8尺×13尺	E	4.5尺	A+C+E
2		B	10.5尺×13.5尺	D		9.5尺×13尺	F	5尺	B+D+F
3	五开间	A'	9尺×15.5尺	C'	三开间	8.5尺×13尺	E'	6尺	A'+C'+E'
4		B'	9.5尺×16.5尺	D'		9尺×14.5尺	F'	6尺	B'+D'+F'

正房作为四开间，组合方式为ACE和BDF；

正房作为五开间，组合方式为A'D'E'和B'D'F'。

综上所述，通过以上几种简单的组合方式可以形成一个基本一进院落的模块。三开间组合的院落模数为3丈×6丈；四开间组合的院落模数为4.5丈×6丈和5丈×6丈；五开间组合的院落模数为5丈×7丈和5.5丈×7丈。与上节中基本模块1基本一致。

4.3 院落模块研究

4.3.1 院落模块与双城营造

榆林堡村落的北城共有三条东西向街道，每条街道的间距约为21丈、12丈。北城的院落多为两进院（一进院加一后院）。每一院落进深约为12丈。根据院墙所围合的网格可明显的观察到院落存在相同的模数关系，A区院落多为两进院和两进跨院，因此进深是模数单位的1.5倍、2倍和3倍，面宽是模数单位的1倍、2倍和3倍；B区院落为两进跨院，进深是模数单位的2倍、3.5倍和4倍的模数单位，面宽是模数单位的3倍和5倍；C区为一进院和一进跨院，进深为模数的1.5倍，面宽为1倍和1.5倍；D区为一进院和一进院跨院，进深模数为1倍和2倍，面宽模数为1倍、1.5倍和2倍。E区为两进院，进深为模数的2倍，面宽为模数的1倍、1.5倍和2倍（图4-13）。

根据《北京民居》中记载，榆林堡村始建于明代，所以需要进行明尺和清尺两种尺寸的度量和分析，明尺的1丈≈3.3米，模数单位约为3丈×6丈，面宽的1.5倍约为5丈，2倍约为6丈，3倍为9丈，5倍为15丈。清尺的1丈≈3.5米，模数单位与明尺相比并没有明显规律特征，所以可以初步判断北城村落格局原型应形成于明代。

榆林堡南城为"十"字形街道，把整个南城分为四部分，每一块边界到道路的距离约为21丈。最小模数仍然为3丈×6丈。根据相同的方法，发现南城虽然没有北城房子排列紧密，但是依然有相同的模数关系。A区分为两部分，北部为一进院，进深为模数的2倍，面宽为模数的2倍；南部为三进院，进深为模数的3倍，面宽为模数的1倍、1.5倍和2倍；B区院落类型较多，模数关系也基本成倍数关系（图4-14）。

图4-13　北城院落模数
（资料来源：作者绘制）

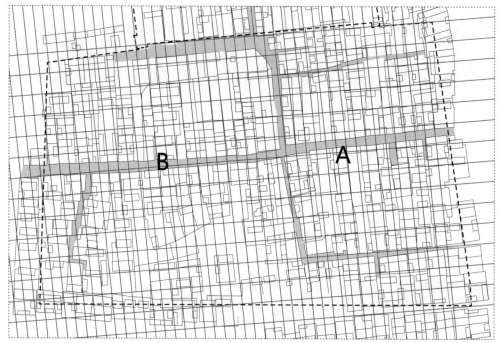

图4-14　南城院落模数
（资料来源：作者绘制）

榆林堡古城的北城南城虽有同样的模数，但也能看出些许的差异，南城的布局过于松散，而北城相对整齐。这可能是因为"榆林驿在城东南二十里，俱隶直隶隆庆卫，景泰五年筑堡障卫"。榆林堡城"县城东二十五里，西去府城一百七十五里"。"正统己巳年筑，隆庆己巳年砖"。南城建造于景泰五年（1454年），而北城包砖于正统己巳年（1449年），所以北城早于南城。也可以推测晚期建造过于仓促布局并不够细致，而北城布局因为早期规划详尽，所以较为规整。

4.3.2　院落模块的灵活调节

宏观的基本模块1与古城布局有着很深远的模数关系，但是在古城村落中院落类型和组合之间也存在差异性，而这种差异性需要通过基本模块2才能更加合理地进行解释，并可对基本模数1进行验证。

以四开间为研究对象，如临街两院落之间开间为13.5米和17.4米，这两个开间不是基本模块1（10米）的整数倍，这并不是误差，造成这种差距的原因是由于不同类型的基本模块2。由于这两院落临街为倒座，根据基本模块2中倒座开间类型A—开间是3米，类型B—开间是3.5米；同时类型A过道为1.5米，类型B过道为1.7米。这样导致了面宽3×4（开间数）+1.5与3.5×4+1.7的差异。同理可知不同院落临街面宽为（一开间面宽×开间数＋过道宽度），可以看出院落面宽之间不可能是绝对的模数倍数关系，因为A×B+C与A×nB+C不成n倍关系（A为一开间面宽，B为开间，n为几开间，C为过道宽），不过由于在大开间数的院落之间（二进院，三进院），C的数据相对A×nB过小，可忽略不计，可以整体看作n倍的倍数关系。这个数据不仅对院落开间模数差异起到解释作用，也对古城街道之间距离差异起到解释说明。所以在第一种研究方法统计院落数据中会存在不是整数倍尺寸的情况，但是基本模块1确实是整数倍，是因为采用了这种大尺度化整为零的方法。

基本模块2较好地验证了基本模块1对古城布局的研究。为基本模块1结论的准确性提供了保证。如果基本模块1是对整个村落布局的模数研究，那么基本模块2就可以作为街道划分片区后，怎么规划片区更合理的研究。

1. 组团中院落的模块化

以通向城隍庙和南北城共用街道的组团为研究对象，两条街道相距约40米，根据南北向的布局原则，进深满足二进院和两个一进院组合的条件，通过观察总平面图发现这两条街中的组团大多为二进院，有个别为两个一进院的组合。通过基本模块2可以很清晰地观察或者计算出组团中应该采取哪种院落更合理（图4-15），详见3.4.1.2。

2. 院落中单体的模块化（图4-16）

正房有一种特殊的形式，是内爽廊及外出廊的存在。这种形式的出现，使模块化成为一

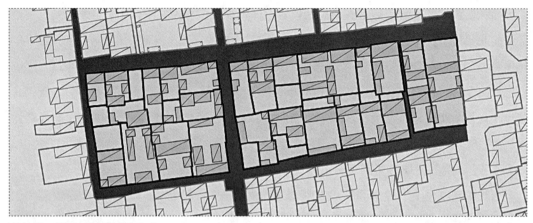

图4-15 组团中院落的组合方式
（资料来源：作者绘制）

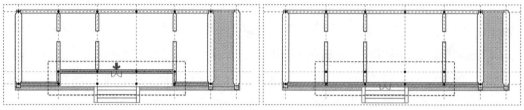

图4-16 檐柱廊的改造
（资料来源：作者绘制）

种可能。通过采访调研，村民们描述少量正房曾被祖辈改造过，把原有的檐柱廊去掉，扩大正房的实际使用面积。柱廊一般退后1000毫米，具有乘凉等作用。柱廊形成一个模块，可以通过对其需求进行模块的改造和拼装。这种做法说明在榆林堡村中不仅存在院落的组合和拼接，在建筑单体中也存在，也许这种做法也是给了当今模块化建造房屋做法的一种启发。

4.3.3 院落模块的规律小结

榆林堡古城在修建过程中遵循着模数的法则，上述的研究内容只是初探的两种方法，但是依然可以总结出以下规律：

1. 根据基本模块1，院落面积的大小以最小一进院的3丈×6丈为基础，其他院落在横向上成模数扩大1倍、1.5倍、2倍和3倍；纵向上扩大1倍、1.5倍、2倍、3倍、3.5倍、4倍和5倍，这样形成整个村落的布局；根据基本模块2，可以依院落类型的不同，对片区进行组团内规划，并且验证模块1的方法的可行性和真实性。这点主要说明这种模数的存在，有利于统一建设和规划。

2. 院落的大小通常根据家庭财力的多寡进行分配，比如杨家大院尺度为6丈×12丈。因为财力的雄厚，而选择跨院式的院落。这点说明了古人对生活功能的需求存在于基本尺度的把握，只要满足需求，尽量节约土地。

3．道路的布置也是根据3丈×6丈的网格而布置，并且根据南北城房屋布局疏密程度的不同，可以产生下面一种推测，因为每块用地的边界到每条道路的距离也成模数，为了更好地形成组团，榆林堡村落的道路是根据相应分地的准则进行最初的规划，这样道路就把用地分成小块，政府逐渐以3丈×6丈的倍数进行分地或者卖地，形成片区，这种做法使房屋的规格更规整和统一。这种推测也呈现出榆林堡村早期的土地政策，土地是由管理部门分管，并且有着自上而下的严谨规划。

4．在整个村落中不仅宏观上的规划存在模数关系，在建筑单体中依然存在模数关系。这种模数进而影响着小的构建模数，也通过这种模数使建筑单体存在着模块装配拼接的做法。

小结

本章是笔者根据测绘和分析得到的结论，只是一种粗略的统计和推测方法。根据数据的相关统计，发现榆林堡村落布局确实与院落模块存在着相应的模数关系。

因此推测榆林堡村落是经过模数指导的规划，这种模块的模数虽不一定是严密的系统，但会潜移默化地影响着整个村落和单体建筑的建造和建设。此章的结论可为其他驿站村堡提供一种研究方法。模数关系的存在可推测驿站堡寨与里坊制存有渊源，或者解释为驿站堡寨是里坊制的另一种形式。

聚落、院落和建筑单体及构件这些同一系统不同尺度内的模数体系结构，通过规律性的排列组合，最终产生的聚落、院落和建筑单体形态远远超出基本模数尺度的限制，体现出模数制体系既高效又灵活的优势。

第5章 榆林堡建筑空间营造

5.1 接近真实再现的方法

接近真实再现是北方工业大学建筑与艺术学院贾东教授提出针对民居研究的一种方法。本章将对榆林堡建筑营造进行接近真实的再现，根据大量实地调研的照片和测绘数据等基础资料，结合实地勘测古民居拆除过程及木匠现场讲解的视听资料，确定一套榆林堡建筑的构架尺度、构架形式、构件组成、榫卯节点构造以及墙体砌筑的营造做法；再结合计算机建模和制作木构架的实体模型，来接近真实地模拟榆林堡建筑的营造做法和建造过程。

该研究方法对榆林堡建筑营造做法的研究十分重要，其中模型再建的方式是接近真实再现的重要内容。通过模型再建可以更直观地对榆林堡建筑的构造做法和建造流程进行模拟和研究，以便更深层次地理解榆林堡建筑的营造体系。

5.2 1:10的六檩前出廊正房模型构件——建筑构件名称

榆林堡村落民居的木构架体系属于北方传统木构架体系的范畴，虽然木构架的精致程度不能比拟京城大宅，但榆林堡民居受驿站功能的影响，在一定程度上反映了官式建筑的结构体系和审美要求，并且有着一套成熟的建造体系，其主要特点是外貌朴实、用材自然和工艺灵活。

榆林堡民居同北京传统民居一样都是以单层砖木结构的硬山建筑为主，由下自上根据功能的不同可以分为四部分，分别为基础、木构架、围护结构和屋面（图5-1～图5-3）。这四大部分都各有特色，基础作为建筑中最底层的结构，是"屋不塌"的根本；木构架是建造整个房屋的重中之重，不仅是建筑的框架，还是整个建筑的主要承重构件；围护结构最重要的功能是保暖抗风等，其次还作为辅助承重结构；屋面作为第五立面，不仅承担着保温隔热防雨等功能，还体现主人的地位和品位。

下文名称以当地叫法为准，括号内为传统北京民居的对应叫法。

5.2.1 房屋主体构件名称

正房在整个院落空间中占主要地位，其木构件组合形式较为多样，通常采用五檩、五檩内爽廊、六檩前出廊和七檩的结构形式。七檩的结构形式现存较少，因此六檩前出廊是榆林堡现存最复杂的构架形式，其在进深方向有三排柱子，分别是前檐柱、前檐金柱和后檐柱。

前檐柱与前檐金柱之前形成外廊，门窗一般安装在前檐金柱的位置上，但大部分榆林堡民居会选择明间安装在金柱位置上，次间与梢间门窗则安装在前檐柱一缝。

　　本章民居中木构架以柱头为界，柱头之上称为上架，柱头之下称为下架。上架包括大柁、出廊柁、金瓜柱、二道柁、脊瓜柱、檩和嵌（图5-1）；下架在榆林堡民居中多数只有柱子和柱础本身，只有在六檩前出廊的形式中为保证屋面的曲度，下架中会加嵌来调整高度。

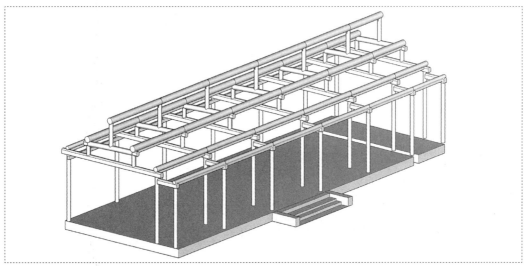

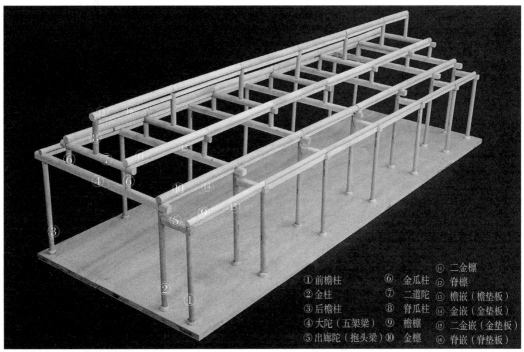

①前檐柱	⑥金瓜柱	⑪二金檩
②金柱	⑦二道陀	⑫脊檩
③后檐柱	⑧脊瓜柱	⑬檐嵌（檐垫板）
④大陀（五架梁）	⑨檐檩	⑭金嵌（金垫板）
⑤出廊陀（抱头梁）	⑩金檩	⑮二金嵌（金垫板）
		⑯脊嵌（脊垫板）

图5-1　木构件各部分名称
（资料来源：作者绘制、制作、拍摄）

5.2.2 围护结构构件名称（图5-2）

围护结构是建筑的遮蔽物，如墙体、门窗。其中外围护结构为前檐柱窗下的前墙、建筑两侧的山墙、建筑后面的后墙和前墙上的门窗；内围护结构为腰墙或木格栅（六扇门）。墙体作为围护结构材料多以土坯及砖石为主，不仅用料朴实，垒砌也具有独特性，后面的章节会详细讲述。

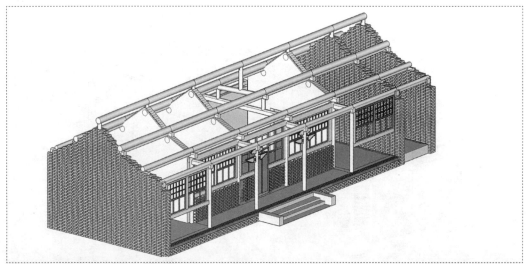

① 前墙（槛墙）
② 山墙
③ 后墙（后檐墙）
④ 腰墙（内墙）

图5-2 围护结构构件名称
（资料来源：作者绘制、制作、拍摄）

5.2.3 屋顶构件名称（图5-3）

屋顶从下至上的构件名称为椽子、毡板、两层灰泥、板瓦和筒瓦。

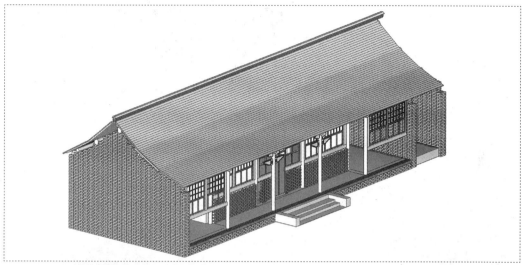

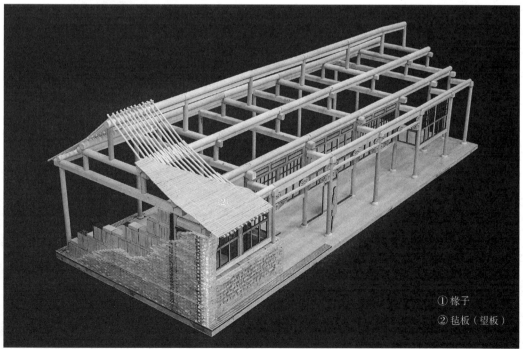

①椽子
②毡板（望板）

图5-3 屋顶构件名称
（资料来源：作者绘制、制作、拍摄）

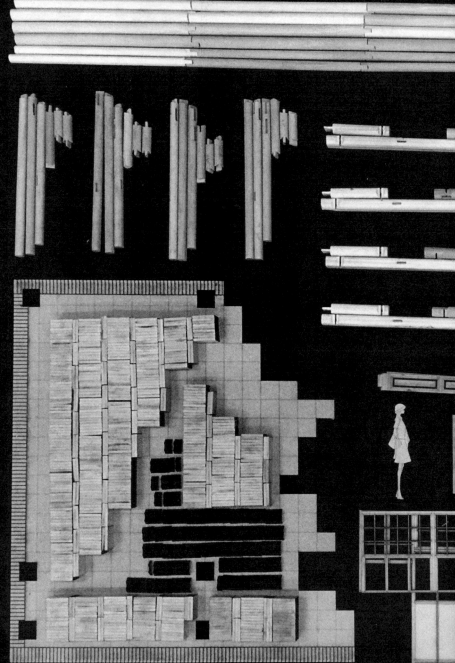

构件总称	柱			柁		檩		
构件名称	檐柱	金瓜柱	脊瓜柱	大柁	二道柁	檐檩1	檐檩2	金檩脊檩
构件截面	D=150	D=150	D=150	170×200	D=180	D=150	D=200	D=250
构件数量	14根	14根	7根	7根	7根	14根	7根	21根

六檩前出廊五开间木构架构件数量　　　　　　　表5-1

5.3　1∶10的六檩前出廊正房模型构件——构架安装过程

安装木构架是在构架加工完成后的第一个步骤，也是最重要的环节。传统的做法是先内后外，自上而下的搭建手法；但是后期也有先安装每一榀构架，再从左到右依次搭建木构架的做法。以下内容将要运用接近真实再现的研究手法进行模拟再现。

5.3.1　先内后外，自下而上（图5-5）

木构架搭建是从建筑的中部，也就是明间内檐柱开始向两侧立柱，且不能违背安装原

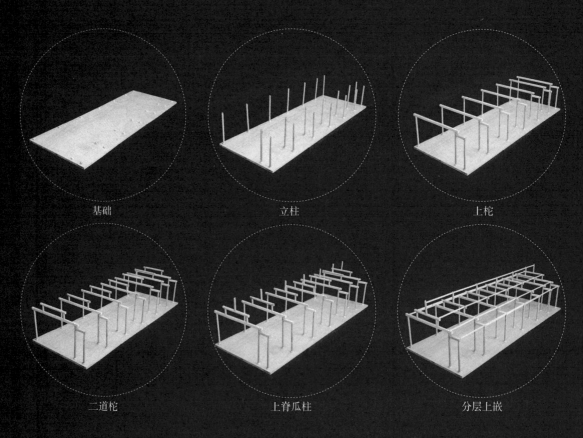

基础　　　　　　　　　　立柱　　　　　　　　　　上柁

二道柁　　　　　　　　　上脊瓜柱　　　　　　　　分层上嵌

则。因为榆林堡下架结构的特殊性，需要用上架的嵌及大坨来维持整个下架的平衡。当完成上述安装，则需用测量工具如丈尺，对各部分开间的尺寸进行反复确认，确认无误后将各节点松动处置入楔子。安装步骤如下：

第一，柱头的位置确定，柱脚放在柱顶石上，需利用撬棍把柱脚移正找到柱顶石的中心。

第二，为了整个构架的稳定性，需要利用戗杆与柱头捆绑进行支撑，并且利用铅垂线进行校正，若柱脚不平可以垫石片或者金属片，再安装檐嵌。

第三，是按照从内向外的顺序安装金瓜柱、二道柁、金嵌、脊瓜柱、脊嵌，在过程中都要像第一步一样校准尺寸。

第四，需要上柁，也是俗称的上梁，通常这个步骤有上梁大吉的仪式。

第五，安装椽子，椽子的安装是用钉钉子的方式，为了保证檐椽的间距，常采用在屋顶中间或者两端先定几根椽子，采用金檩挂线的方法进行定位，这种方法是在金檩的部位进行划线，方便钉钉子。这个工序通常需要两个人完成，一个人负责挑出的椽头，另一个人负责钉金檩上的椽子，最后再校准椽头的位置。

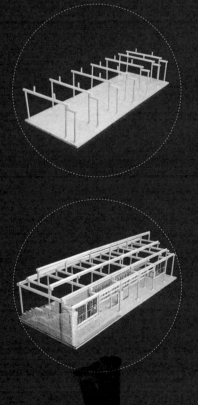
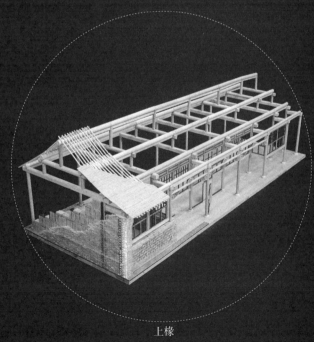

上椽

图5-5　木构件搭建方式之一
（资料来源：作者绘制、制作、拍摄）

最后一步是定毡板，榆林堡民居所用的毡板是用原木抛出厚约1公分的木片，将其进行铺设。这部分有两点需要注意，第一点毡板的边缘需要尽量保持与椽子中心对应，第二点是每几层的毡板接口处尽量保证不在同一位置，这样才可以保证整个屋面的承重能力。

5.3.2 从左到右立每榀屋架

这种做法两个过程，第一步是组装每一榀屋架（图5-6），也是采用从下到上的安装

安装每榀屋架过程

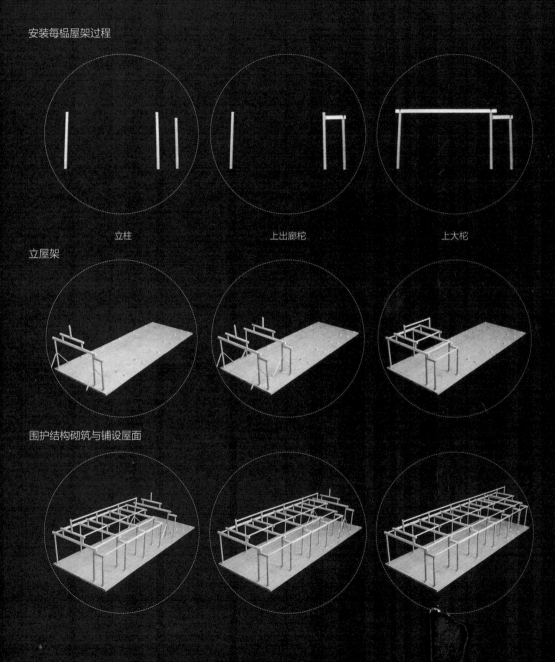

立柱　　　　　　　　　　　上出廊柁　　　　　　　　　　上大柁

立屋架

围护结构砌筑与铺设屋面

方式，因为抬梁式的构件较为简单，主要注意每一个构件保证竖直即可；第二步从西侧开始放置构架，通过棒杆（戗杆）支撑相邻的两个构架，进行横向杆件的连接，逐渐形成整个屋架，这一步骤需要注意的细节与第一种安装做法相同，需要在搭建过程中不断地校准每一开间的尺寸和构件的位置。对于屋面的相关做法同上一种做法的四、五、六步（图5-7）。

图5-6 木构件搭建方式之一
（资料来源：作者绘制、制作、拍摄）

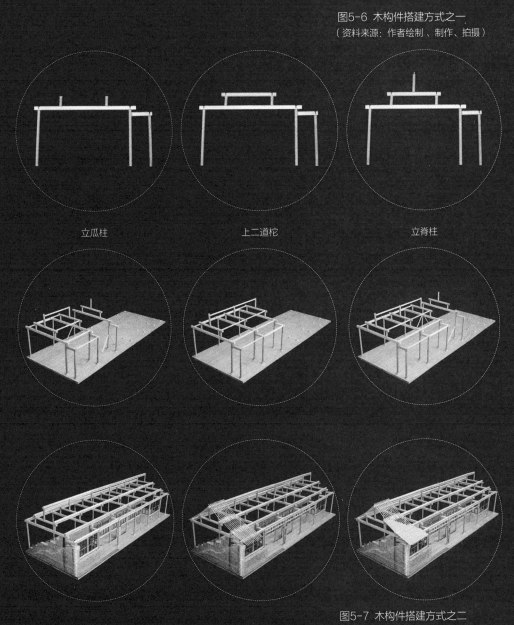

立瓜柱　　　　　　　　上二道柁　　　　　　　　立脊柱

图5-7 木构件搭建方式之二
（资料来源：作者绘制、制作、拍摄）

5.3.3　木构架的特点

对于榆林堡村落中木构架的柱、梁、檩等常选用自然弯曲的木材，通过粗加工满足使用需求即可，因此不能与京城内民居的规格相比；木构架节点的部分也会进行灵活处理，在保证不影响建造房子的前提下，会改变（或加或减构件）构架尺度及数量，这是北京传统民居常用的做法。如在檩下方，北京民居中使用替木或者垫板作为与枋搭接的过渡，但在榆林堡村中的民居中并没有按照这种方式，而是采用双檩或者一檩一嵌（当地叫法，相当于传统民居里的枋）的方式（图5-8）。木构架的特点不光存留在表面，节点的处理才是木构架的精髓，木构架根据位置的不同分别定义为山墙构架，腰墙构架和横向构件，下文将会详细阐述木构架不同位置中每一部分节点的做法和尺寸，横向构件将会出现在山墙和腰墙构架之中，不会单独做陈述。

在该村落中民居木构架存在抬梁式和抬梁穿斗混合式的基本形式，主要区别在于山墙（山墙有抬梁和穿斗式两种结构形式）；腰墙构架的结构类型在榆林堡现存民居中只有抬梁式构架。构架分为三种组合形式五檩木构架、五檩内爽廊木构架和六檩前出廊木构架，这三种形式是根据廊道的位置而形成的变种。

图5-8　一檩一嵌示意图

（资料来源：作者绘制、制作、拍摄）

5.4　结构形式与组合形式

5.4.1　抬梁式结构形式

榆林堡村落中抬梁式结构比较简单，即以开间方向、进深方向的柱子形成的柱网为基础，每一进深方向的轴线为一榀屋架。一榀屋架的组成为柱顶石上立柱，无任何连接，柱上架柁，柁上立金瓜柱，再架二道柁，最上放脊瓜柱，每榀屋架间以嵌、檩进行拉结；榆林堡民居不同于传统北京四合院，屋架与屋架横向的连接采用柱上端侧立面插枋连接的做法，而是用嵌直接插在柁与柁之间，柁头与瓜柱顶放置檩，檩上承担椽子和屋面的荷载。

因现存榆林堡民居多为五檩木构架，以五檩木构架为例，进行山架作用及组合的剖析。五檩木构架中多为两根落地的檐柱（榆林堡民居中会出现爽廊的建筑形式，因此会出现三根檐柱落地的情况），三根抬梁瓜柱和两道柁（梁）组成，两根檐柱主要是承载整个屋架的重量，金瓜柱主要承担二道柁（梁）的作用，脊瓜柱是主要承担脊檩的重量（图5-9）。这种构架通常被用于腰墙构架

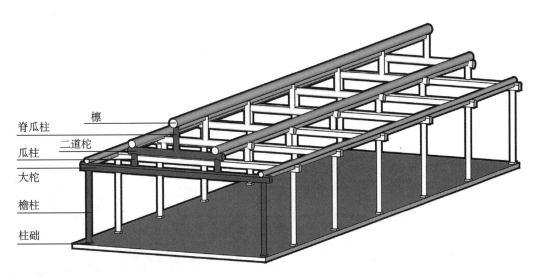

图5-9　五檩抬梁木构架示意图
（资料来源：作者绘制、制作、拍摄）

中，下一节将仔细介绍构架的组合形式及构架节点。

5.4.2 穿斗式结构形式

穿斗式结构在榆林堡山墙构架中较为常见，根据木构架组合形式的不同，山墙的构架形式也分为五根柱子和六根柱子两种情况，结构形式比抬梁构架简单。柱子从柱顶石通长到檩，柱与柱的横向连接采用扯嵌（当地叫法）构件（图5-10）。因为该构架藏于山墙之中，所以柱子及扯嵌采用形态不好的木料（图5-11），只要保证结构相对稳定即可。

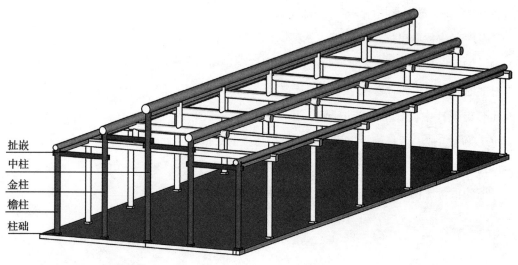

图5-10 山墙穿斗结构示意图
（资料来源：作者绘制、制作、拍摄）

图5-11 山墙柱子用料
（资料来源：作者绘制、制作、拍摄）

5.4.3 五檩木构架组合形式

在抬梁式结构体系中，建筑规模与梁架数有密切关系，建筑进深越大，梁架数量越多，建筑屋面也会越高耸，随着使用需求和等级的不同，构件组合形式也会不同。

五檩木构架是榆林堡最典型的构架形式，该种形式下架进深方向有两排柱子，分为前檐柱和后檐柱，且柱与柱间没有任何横向的支撑构架，这种情况在榆林堡较为常见，因此会导致下架的不稳定性。解决这种不稳定的方法有两种，第一种是增加上架的重量；第二种是借助围护结构协同承重。上架自下而上构架分别为大柁、前（后）檐嵌、前（后）檐檩、金瓜柱、前（后）金嵌、前（后）金檩、二道柁、脊瓜柱、脊嵌和脊檩。上架的构件和组合保证其自身稳定，正是因为整个上架的稳定性，且加到足够重量，放在两排柱子上才能形成稳定的大木结构。这也能解决了测绘中发现虽然柱子承担着整个屋架的荷载，但是柱子的直径与檩相比较细的疑问（图5-12）。

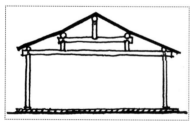

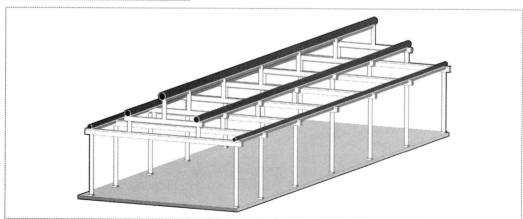

图5-12 五檩木构架形式

（资料来源：作者绘制）

5.4.4 五檩内爽廊木构架组合形式

这种组合形式是五檩木构架的变种，即在五檩木构架的基础上，在对应前金瓜柱下方加一排金柱。在下一段描述了六檩前出廊的前后檐高度不一致，造成侧立面的不对称，所以为了改进出廊柁的不稳定，才产生了这种形式。上架对比五檩的构件直观上并没有增加，但实际爽廊柁与二道柁齐平；且在下架中增加一排金柱，但是不同于外出廊的金柱，其不会直接承托檩，金檩仍然会承托与二道柁之上。这种做法在侧立面上更符合中国人的审美，而且会减低屋顶的高度，常用于倒座（图5-13）。

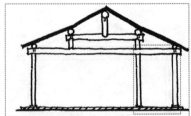

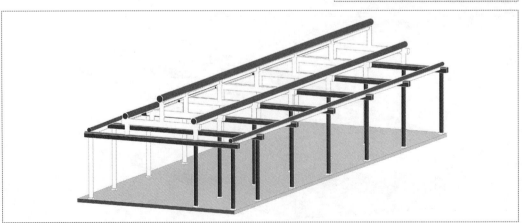

图5-13 五檩内爽廊木构架
（资料来源：作者绘制）

5.4.5　六檩前出廊木构件组合形式

这种木构架形式即在五檩木构架的基础上，在前檐增加一步檐廊，此种做法增加了整个建筑的进深，多用于正房。在介绍木构架各部分名称时也初步介绍了上架和下架的组成，因前檐比后檐多一排金柱，直观地看到前出廊的形式，屋脊会出现不居中的情况，后檐会高于前檐。这种组合方式金柱和檐柱中的构件并不相同，檐柱会把嵌直接落在窗子上，金柱上则会使用双嵌的形式，确保窗户在金柱和檐柱的高度相同，且能够保证屋顶的曲度（图5-14）。

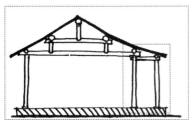

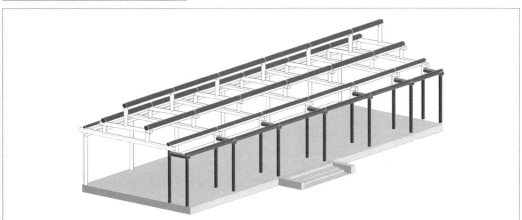

图5-14　六檩前出廊木构架
（资料来源：作者绘制）

　　榆林堡传统建筑单体由数十种木构件组合而成，这些木构件中除椽子和毡板外，其余木构件全部通过榫卯搭接。榫卯是中国古建筑的主要结构特征，与砖石建筑相比，榫卯结构拥有更好的抗震性，这一特性来源于木材作为受力构件的使用及各部分搭接的构造方式。榆林堡民居中存在十种榫卯节点，包括柱与檩、柱与扯嵌、落地柱与大柁、柁与嵌、柁与瓜柱、檩与檩、柁与檩、柱与出廊柁、柱与嵌、替木与柱和檩的节点（图5-15）。这十种节点奠定了一个建筑的生成及保证整个建筑稳定性的基础，以下将通过真实再现的研究手法，拆解1：10的模型来介绍十大节点的作用、节点中公榫与母榫的尺寸和运用此种榫卯的优势等内容，使榆林堡民居的木构架节点构造透明化。

图5-15　木构架的十种节点分布图
（资料来源：作者绘制、制作）

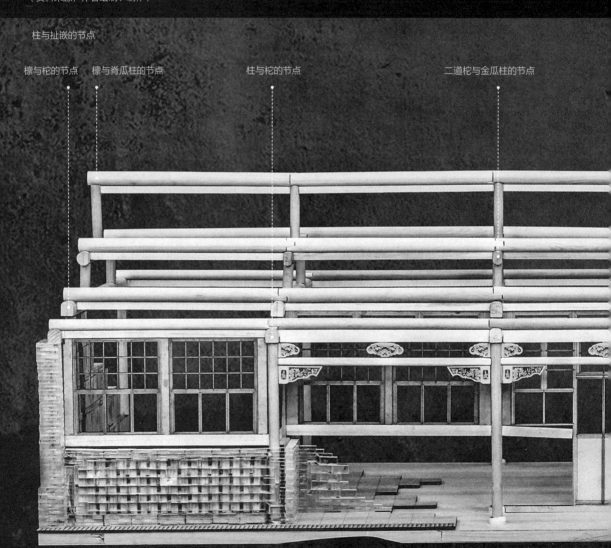

柱与扯嵌的节点

檩与柁的节点　　檩与脊瓜柱的节点　　　　　柱与柁的节点　　　　　　　　　　　　二道柁与金瓜柱的节点

5.5.1 柱与檩的节点

　　山墙穿斗构架中的柱与檩是下架与上架连接的重要节点，此节点通常采用直榫，直榫中公榫的方向平行于檩的方向。因为山墙中柱子的木料质量和形态均不属于上档材料，造成榫头的尺寸会随着柱径尺度的变化而不同。一般榫头的长边最小尺度为1.6寸左右，短边最小尺度为1寸左右，伸出长度为1.6寸。此节点的作用是固定直接放置于柱的檩，避免山墙构架发生位移（图5–16）。

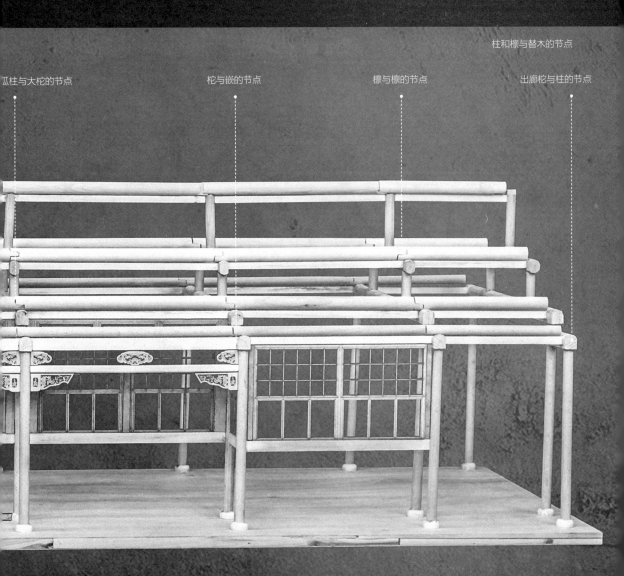

瓜柱与大柁的节点　　　　　柁与嵌的节点　　　　　檩与檩的节点　　　柱和檩与替木的节点　　出廊柁与柱的节点

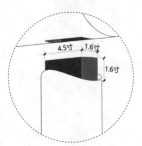

图5-16　柱与檩的节点及尺寸
（资料来源：作者绘制、制作）

5.5.2　柱子与扯嵌的节点

扯嵌是在山墙穿斗构架中主要的横向拉接构件，扯嵌的截面高度尺寸为1.5寸或2寸，因木料的不规则，所以扯嵌的厚度由木料自身决定，只要保证整个屋架的稳定即可。扯嵌与柱子的节点就是扯嵌本身插入柱子出挑一段距离，以保持稳定。该节点不是特意制作的节点，而是一种简单便捷的榫卯结构（图5-17）。需要注意的是中柱因要连接两根扯嵌，所以需要考虑错开柱子上的母榫位置（图5-18），这种做法可以保证整体构架的刚度和施工的简易性。

5.5.3　落地柱与大柁（出廊柁）的节点

落地柱与大柁的搭接是下架的主要节点，搭接方式也只有一种，就是采用馒头榫，其中柱子是采用方形公榫（当地叫法），大柁采用方形母榫（当地叫法）。公榫的边长尺寸是1.8寸，伸出长度1.8寸（图5-19、图5-20）。馒头榫因为公榫没有收分，抗拉能力不强，但利于垂直

图5-17　柱子与扯嵌的节点
（资料来源：作者绘制、制作）

图5-18　柱子与扯嵌的尺寸及位置
（资料来源：作者绘制、制作）

图5-19　柱与柁的节点
（资料来源：作者绘制、制作）

连接，用于抗压的柱子可以避免水平位移。公榫的榫舌
一般做成馒头榫的主要原因是柁头位置有三个重要节点
（檩与柁、柁与嵌、柁与柱），不适宜开很大的卯口，避
免柁头断裂。

5.5.4　柁与嵌的节点

柁与嵌的节点贯穿在整个上架之中，常采用燕尾榫
或者箍头榫（图5-21）。其中因为燕尾榫的公榫和母榫形
状的特殊性抗拉能力较强，多用于水平构件与柁头位置
的搭接。与柁搭接的燕尾榫中公榫的长边尺寸通常为1.4
寸，短边尺寸为8分，榫舌的伸出长度为1.6寸（图5-22）。
公榫开口的深度不会贯穿整个柁头，所以榫舌的高度也
不会太高，这样也是为了防止柁头的开口太多易断裂；
嵌在尽端也会采取特殊的榫卯形式——箍头榫，箍头榫
通常是把柁头整个开槽，嵌由上至下插入，具有更好的
抵抗水平拉力的能力。

5.5.5　柁与瓜柱的节点

柁与瓜柱的节点采用的是带碗口的馒头榫或是直

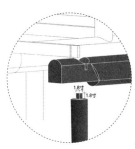

图5-20　柱与柁的节点尺寸
（资料来源：作者绘制、制作）

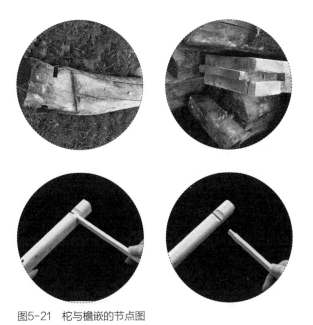

图5-21　柁与檐嵌的节点图
（资料来源：作者绘制、制作）

图5-22　柁与檐嵌的节点尺寸
（资料来源：作者绘制、制作）

图5-23　金瓜柱与大柁节点
（资料来源：作者制作、拍摄）

图5-24　金瓜柱二道柁节点
（资料来源：作者制作、拍摄）

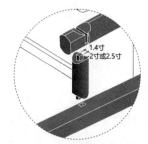

图5-25　金瓜柱与柁节点尺寸
（资料来源：作者制作、拍摄）

榫。民居中带碗口的构件都是在与圆形构件相接处使用。金瓜柱两端的榫均为馒头榫（图5-23、图5-24），馒头榫的截面尺寸为1.4寸×1.4寸，伸出长度为2寸或2.5寸（图5-25）。这种馒头榫加工更费时费工，方形榫口四面均有碗口，可以四面贴合柁外皮，保证整个构架的稳定性。

脊瓜柱两端采用长形直榫且相互垂直，因为脊瓜柱的下端与二道柁相接，所以平行于二道柁；上端是与檩相接，所以榫要与檩平行（图5-26）。脊瓜柱下端的截面尺寸为瓜柱直径1.8寸×8分（1寸），伸出长度为2寸或2.5寸；上端的截面尺寸为1.8寸×8分（1寸），伸出长度为1.6寸或1.8寸（图5-27）。因为大柁和二道柁都有圆弧截面，因此在直榫的基础上，瓜柱也需要碗口才能与柁完美咬合。榫舌伸出尺寸下端比上端长是因为下端要保证整个木构架的稳定，而上架中檩的直径有固定值，榫舌短可以保证整个屋架稳定性，同时也要保证檩自身的刚度。

图5-26　脊瓜柱二道柁节点
（资料来源：作者制作、拍摄）

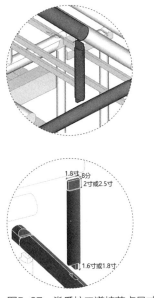

图5-27　脊瓜柱二道柁节点尺寸
（资料来源：作者制作、拍摄）

图5-28　檩与檩的节点
（资料来源：作者绘制）

5.5.6　檩与檩的节点

檩之间的连接最主要的作用是抵抗横向拉力，所以采用了燕尾榫（图5-28）。檩的连接在当地讲究公榫向阳，母榫向阴。因此在放置檩时方向要注意，正房和倒座的公榫向东，母榫向西；厢房的公榫向南，母榫向北。檩燕尾榫的公榫的长边尺寸通常为1.6寸，短边尺寸为1寸，榫舌伸出长度为1.8寸（图5-29）。

5.5.7　柁与檩的节点

柁与檩的节点是垂直搭接的构造，檩是圆柱形构件，只有碗口能给其稳定的放置位置（图5-30）。因为两层大构件的迭合不便采用榫，这样会浪费大量的木材，所以需要扎心（暗销），其截面尺寸为1.4寸×4分，长度没有固定尺寸（图5-31）。在柁头和檩相叠的位置凿眼，但位置不能在碗口的正中，而是放在檩公榫一侧，这是为了避免与檩搭接节点的冲突。通常先把扎心栽入柁头的销眼里，然后檩自上而下嵌入。

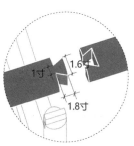

图5-29　檩与檩的节点尺寸
（资料来源：作者绘制）

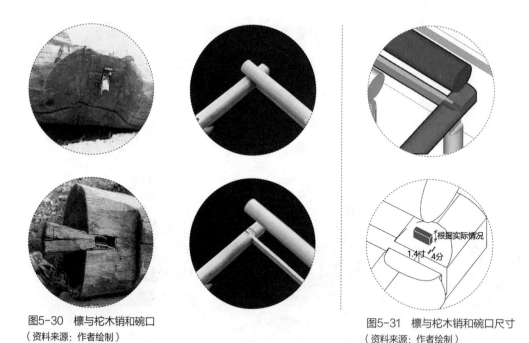

图5-30　檩与柁木销和碗口
（资料来源：作者绘制）

图5-31　檩与柁木销和碗口尺寸
（资料来源：作者绘制）

5.5.8　柱与出廊柁的节点

在榆林堡民居中出廊柁的节点是极少与柱连接的构造节点。出廊柁是单面出挑的构件，该构件需要与柱子有足够的连接，才能保证结构的稳定性。出廊柁公榫的截面尺寸为柁高度×2寸，伸出长度为柱子直径+5寸（图5-32）。公榫挑出的长度比柱子的直径要长，并且在伸出段栽入扎心，以防出廊柁因自重造成的脱落（图5-33）。出廊柁也是与圆形柱子相连，但并没有碗口的抱合，这是因为柁的截面比柱子直径宽，如用碗口的构造形式加工费时费力，也不能达到很好的抱合效果，所以一般采取反向倒角的做法，保证截面没有尖角。

5.5.9　柱与嵌的节点

在榆林堡民居中横向构件很少直接与柱子相接，嵌多数都与柁直接搭接。柱与嵌搭接的构造节点会出现在六檩前出廊的木构架形式中，因为门窗的尺度不变，为了能够保证屋面的曲度，就会在金柱连接一道嵌，形成双嵌的结构形式（图5-34）。公榫的长边尺寸通常为1.4

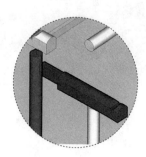

图5-32　柱与出廊柁的节点尺寸
（资料来源：作者绘制）

图5-33　柱与出廊柁的节点
（资料来源：作者绘制）

图5-34　柱与嵌的节点
（资料来源：作者绘制）

寸，短边尺寸为8分，榫舌的伸出长度为1.6寸。

5.5.10　替木与柱和檩的节点

替木和嵌一样是具有拉结作用的辅助构件，主要用于与檩、柱子之间的搭接。嵌与替木是在榆林堡民居中不共存的构件，但替木使用较少。与嵌的位置一致，节点也有相似之处。

替木是一个完整的构件，尺寸如图所示（图5-35），所以柱子上需要采用箍头榫，将其由上至下嵌入柱子上的开槽，这与尽端嵌采取的节点构造相同。替木与檩之间的节点也是使用扎心，是一个对称的构件，所以与檩连接处需要两个扎心，而扎心嵌入的位置距离替木中心5寸左右（图5-36）。

5.5.11　构架的构件尺寸

构件的最小尺寸，经访谈匠人和实地测绘总结如下（表5-2）。

图5-35　替木
（资料来源：作者绘制）

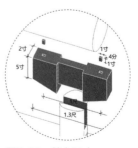

图5-36　替木尺寸
（资料来源：作者绘制）

木构架尺寸　　　　　　　　　　　　　　　　表5-2

构件总称	柱			柁		檩
构件名称	檐柱	金瓜柱	脊瓜柱	大柁	二道柁	
构件尺寸	D=4寸	D=3寸 D=4寸	D=3寸	D=1尺1 D=1尺2	D=1尺	D=3寸 D=4寸 D=5寸

小结

本章重点研究的是榆林堡民居营造，从木构架的基本形式入手，深入分析木构架与围护结构和屋面结构之间的联系。以最复杂的六檩前出廊木构架形式为例，研究各部分名称以及木构架节点。在木构架研究的基础上，通过电脑建模和手工模型的方式进行空间、木构架搭建方式及其他结构辅助的模拟研究，并对木构架进行拆分，总结出榆林堡古老民居存在的营造技艺。

对于榆林堡民居中的木构架的研究总结如下：

1．榆林堡木构架选材并不十分讲究，不讲究是在木料的平直程度上，通过粗加工满足使用需求即可；又十分讲究，讲究是在选择构件时需要考虑构件的作用，因承重的要求，需要选择有弯曲度的木材；

2．在木构架节点的部分需要灵活处理，在保证不影响建造房子的前提下，会改变（或加或减构件）构件尺度及数量。如在榆林堡民居中檩下会使用双嵌，以满足使用要求；

3．榆林堡民居中木构架的竖向构件尺寸较小且没有横向连接构件，需要通过其他结构辅助达到所需稳定性。

第6章 墙体与屋面构造研究

6.1 墙体特点

　　榆林堡民居和京城一般民居相同，存在三种外墙形式，分别为山墙、前墙（槛墙）（当地统称前墙，后面在文章中将以当地叫法为准）和后檐墙（当地统称后墙，后面在文中将以当地叫法为准）。三种墙体的构造做法是墙体内心采用砖石、土坯或碎石等混合物砌筑，外侧用青砖包筑。土坯和碎砖混合物在三种外墙中均有使用（图6-1）。外部青砖包皮是四边采用砖砌筑，中间填充土坯和砖石的混合物，最后在外面涂白灰膏，以抵御自然气候的破坏，这种构造做法在当地叫做"外扒皮"。当然，墙体砌筑与柱子的连接有一处细节，就是形成八字收脚，此种做法的目的是为了能够让藏在墙体里的柱子透气，防潮防腐烂。

6.1.1 山墙

　　山墙是硬山建筑左右两侧的墙体，榆林堡村建筑山墙多采用人字形构造（这是北方民居的一种常用方式），墙体上端与屋顶之间的斜坡，形成一个三角形，形似山峰，因此称之为山墙（图6-2）。在第五章中提到榆林堡民居柱径相对其他木构件的比例偏小，为保证整个结构的稳定性，檩会搭放在山墙之上，并且木结构将被砌在山墙里。山墙起到了与木构架共同承重的作用（图6-3），因承重的特殊性一般不会在山墙侧开洞。

1. 山墙的构造

　　榆林堡民居的山墙分为墙垛（下碱）、上身和山尖三部分（图6-4），墙体最下端为墙垛，由顺砌砖垒砌，高度占墙身的1/3，墙体上身占墙身的2/3，上身厚度略薄于墙垛。山墙

图6-1a　外包青砖内藏土坯碎石混合物

图6-1b　内部碎石土坯混合物

有两处收口，一处是与檐口相接，另一处是与垂脊相接。与檐口相接形成层次的部分叫做腿子（墀头）（图6-5）；与屋面垂脊相接处是披水、博缝和拔檐。

本章开始已经提到山墙采用的是外扒皮的做法，并且山墙和后墙有墙垛这一构造（当地叫法）（图6-6）。

图6-2　山墙
（资料来源：作者拍摄）

图6-3　山墙与木构架
（资料来源：作者拍摄）

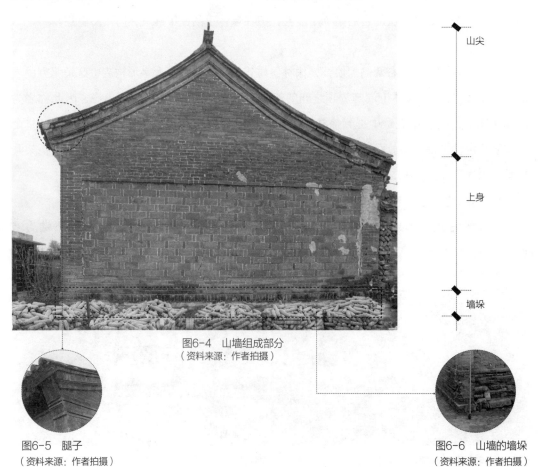

图6-4　山墙组成部分
（资料来源：作者拍摄）

图6-5　腿子
（资料来源：作者拍摄）

图6-6　山墙的墙垛
（资料来源：作者拍摄）

山墙所需材料为青砖、土坯和石块。其中青砖的尺寸为8寸×4寸×1.8寸，用于墙垛和墙体的包边；土坯的尺寸为11.5寸×8寸×1.8寸，用于外扒皮的内心（图6-7）；山墙内心除土坯外，也会使用石块或碎石，有时会与土坯内心混合使用，也会单独使用，但一般用作非重要墙体部分。

2. 山墙的土坯砌法

山墙的砌法通常有两种，一种是顺砌（图6-8），另一种是顺砌与纵砌相结合（图6-9），第二种砌筑方式较为常用。顺纵砌结合的方式通常是一层纵砌土坯上面垒砌两层或三层顺砌土坯（图6-10）。

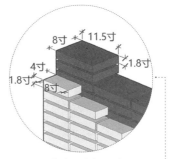

图6-7　青砖及土坯尺寸
（资料来源：作者拍摄）

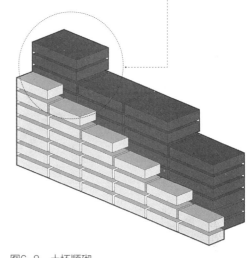

图6-8　土坯顺砌
（资料来源：作者拍摄）

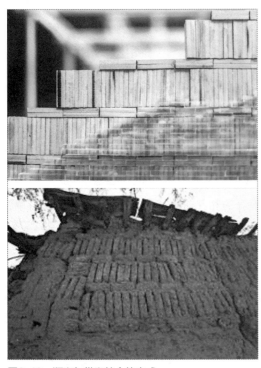

图6-10　顺砌与纵砌结合的方式
（资料来源：作者拍摄）

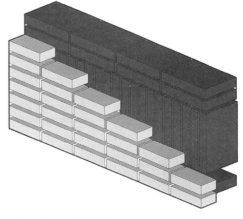

图6-9　土坯顺纵砌结合
（资料来源：作者拍摄）

图6-11 柱子暴露在外
（资料来源：作者拍摄）

图6-12 斗砖饰面
（资料来源：作者绘制）

图6-13 石块内心
（资料来源：作者绘制）

图6-14 土坯软心外罩白灰膏
（资料来源：作者绘制）

图6-15 干摆丝缝
（资料来源：作者绘制）

山墙与柱子的衔接处也采用八字收分，把柱子暴露在外（图6-11），这种做法是防止柱子在墙里腐烂，使其更大面积地接触氧气，同时也是彰显结构美的体现。

3. 山墙砖的砌法

山墙在榆林堡民居通常有两种做法，一种叫做海棠池软心做法，另一种叫干摆丝缝做法。

海棠池软心的做法，墙垛通常占整个墙身高度的1/3，使用全顺砌干摆的做法；上身占整面墙体的2/3，两侧砖采用顺砌丝缝做法；山尖占整个墙体的1/2，与上身两侧的墙体砌法一致。中间的软心有三种做法，一种中间贴有斗砖饰面（图6-12）；第二种中间是石块堆砌为内心（图6-13）；第三种为土坯软心外罩白灰膏（图6-14）。

干摆丝缝做法，墙垛采用干摆的砌筑方法，通常为青砖顺砌；上身则采用丝缝的做法，同样为青砖顺砌（图6-15）。这两种方法均为精细的砌筑工艺，会对砖进行加工，并进行淌白勾缝，增加墙体的立体感。

榆林堡民居中腿子的做法较为简单，装饰较少，分为两种，第一种相对复杂，共分为六部分。自下而上分别为头层檐、混砖、炉口、头层盘头、二层盘头和戗檐（图6-16）；第二种较为简单，直接由砖砌五个阶梯，形成层次（图6-17）。

山尖和垂脊的相接处有两种形式，一种相对简单，只有一层披水，用一层砖顺砌作为山尖的收边（图6-18）；第二种比较复杂，包括披水、博缝和拔檐三部分，披水的做法同第一种，采用顺砌的垒砌方式，博缝采用斗砖的做法，拔檐有两层，一层是把顺砌的砖横截面切成梯形，长边为1.8寸，短边为1寸，高度为1.8寸。这种尺寸为了上接博缝，下接第二层拔檐，这种形式使整个垂脊更加有层次，第二层拔檐也采用顺

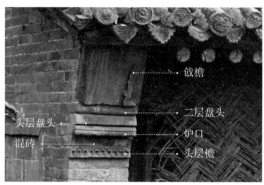

头层盘头
混砖

戗檐
二层盘头
炉口
头层檐

图6-16　复杂的腿子
（资料来源：作者绘制）

图6-17　简单的腿子
（资料来源：作者绘制）

图6-18　山尖和屋檐结合处第一种形式
（资料来源：作者绘制）

图6-19　山尖和屋檐结合处第二种形式
（资料来源：作者绘制）

砌（图6-19）。

6.1.2　前墙

前墙（槛墙）是建筑前檐窗户下方的墙体。榆林堡民居的前墙（槛墙）高度在835～990毫米之间，厚度不小于柱径。前墙（槛墙）作为门面，会考虑美观因素，多采用各种砖拼花。

1. 前墙（槛墙）构造

前墙（槛墙）是由三部分组成，前墙（槛墙）最底部是台阶，上方会出现窗台，也叫做榻板（图6-20）。

前墙（槛墙）构造也为"外扒皮"的做法，土坯（11.5寸×8寸×1.8寸）为内心，表面贴砖或者外边缘砌砖（图6-21）。因为位置的特殊性，通常会出现诸多装饰，由建筑等级及宅主地位的需求而定。前墙在一般情况下都是由上述三部分组成，这三部分砖的

图6-20　前墙的两种砌筑方式
（资料来源：作者绘制）

榻板	
前墙	
台阶	
榻板	
前墙	
台阶	
榻板	
前墙	
台阶	
榻板	
前墙	
台阶	

图6-21　前墙的几种形式和组成部分
（资料来源：作者绘制）

砌法也是相对固定的，窗台通常采用两层砖全顺砌法；前墙（槛墙）两侧包边采用一顺一丁式的做法，底包边为了与窗台对称，常采用砖全顺的砌法；台阶单层砖大部分采用侧立丁砖的做法，少部分因为高度的需求还会采用一层顺砌加一层侧立丁砖（图6-21）。根据这些固定的砌法，三部分的尺寸除了前墙（槛墙）会有微小的变动外，台阶和榻板都在4寸左右，如表6-1。并且前墙（槛墙）的高度也是由砖的模数决定的。

前墙（槛墙）是由两侧砖墙包边和内心组成，内心的砖石有两大类，一种是土坯内心加白灰罩面，第二种是土坯加砖饰。因为不同的砖饰表面会影响土坯的砌筑，所以外饰面会做出相应的变化。

第一种前墙砌筑方式是一层纵砌加两层或三层顺砌最外层再涂一层白灰罩面，此类做法是比较简单的砌筑方式（图6-22）；第二种砖饰面在榆林堡民居中有两种方式，一种是青砖顺砌（图6-23），另一种是青砖一顺一丁的垒砌方式。青砖顺砌造就了平整的砖砌内面，所以该种做法的土坯与白灰罩面内的做法一致；青砖一丁一顺的做法，因为砖砌的内表面不平整，所以土坯的做法相对复杂（图6-24），土坯的尺寸也会因为插空有所改变。但是也可以通过改变青砖的尺寸，使青砖的内表面变平整（图6-25）。

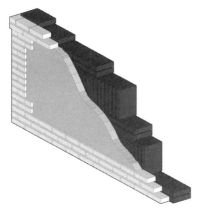

图6-22 土坯内心砌筑方式
（资料来源：作者绘制）

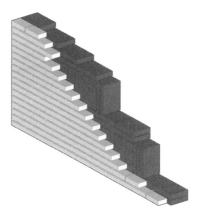

图6-23 青砖顺砌砌筑方式
（资料来源：作者绘制）

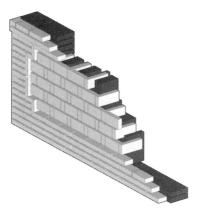

图6-24 青砖一丁一顺不改变青砖砌筑方式
（资料来源：作者绘制）

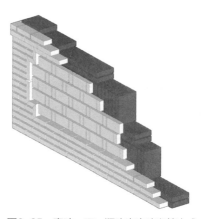

图6-25 青砖一丁一顺改变青砖砌筑方式
（资料来源：作者绘制）

2. 前墙（槛墙）尺寸

三处院落前墙（槛墙）各部分尺寸   表6-1

前墙（槛墙）	构造	倒座mm	厢房mm	正房mm
小北街12号	台阶	115		
	前墙	955		
	榻板	115		
	总计	1185		

续表

前墙（槛墙）	构造	倒座mm	厢房mm	正房mm
赵家胡同5号	台阶	115	110	355
	前墙	885	835	890
	榻板	115	115	115
	总计	1000	1060	1360
小北街14号	台阶	170	150	460
	前墙	955	950	985
	榻板	115	115	115
	总计	1240	1215	1560

6.1.3 后墙

后墙（后檐墙）就是与前墙（槛墙）相对应，位于后檐的墙体。出于隐私安全等需求，后墙一般为实墙（图6-26），也有少部分会有开窗的情况（图6-27）。榆林堡民居后檐墙采用"外扒皮"的构造做法，其中砖的砌法和山墙有异曲同工之妙，采用软心构造。后墙墙体分为墙垛（下碱）和上身，墙垛通常占整个高度的1/5，使用全顺砌干摆的做法（图6-28）；上身占整面墙体的4/5且有两种做法，第一种用两层顺砌砖将上身对半分为两部分，上半部分土坯软心外罩白灰膏，下半部分使用石块堆砌（图6-26）；第二种是上身全部用斗砖进行垒砌（图6-29）。

后檐墙自身具备一个特征，在外扒皮墙体的上部会出现柁（梁）和檩外露的现象，在当地这种现象被称之为"老檐出"（图6-30）。因此后檐墙的结尾处就会有所不同，是用一层顺砌砖封墙，在封墙砖上再用青砖斗砌进行堆顶，形成一个斜坡，斜坡的最高处会顶到嵌条（檐枋）下。这种做法通常叫"签尖"（图6-31）。

图6-26　后墙为实墙
（资料来源：作者拍摄）

图6-27　后墙开窗
（资料来源：作者拍摄）

图6-28　墙垛顺砌干摆做法
（资料来源：作者拍摄）

图6-29　斗砖砌筑做法
（资料来源：作者拍摄）

图6-30　老檐出
（资料来源：作者拍摄）

图6-31　签尖
（资料来源：作者拍摄）

6.1.4　影壁

影壁是在传统民居建筑中经常出现的建筑元素。之所以把影壁放在墙体分类中，是因为在榆林堡村落中大多的影壁都会砌在正对过道的厢房墙壁上（图6-32）。这种从厢房墙壁中砌出的影壁叫做"座山影壁"。座山影壁的外形如同一座完整的建筑，正立面也像墙体一样分为三段，通常自下而上分别为底座（相当于墙垛）、影壁芯（相当于墙身）和墙檐口（相当于屋檐）（图6-33）。在北京四合院中这种影壁一般处理比较简单，多为白灰挂面加清灰走边，中心直接了当地写一些福字或者留白。在榆林堡民居中座山影壁是使用最多的形式，其处理叠砌也有所考究（图6-34）。基础是简单的须弥座，中段影壁芯用方砖（方砖在当地叫做炕面子，尺寸为一尺一见方）（图6-35）、青砖斜砌贴面并有青砖垒砌柱子状收边（图

图6-32 座山影壁
（资料来源：作者拍摄）

图6-33 影壁考究的叠砌方式
（资料来源：作者拍摄）

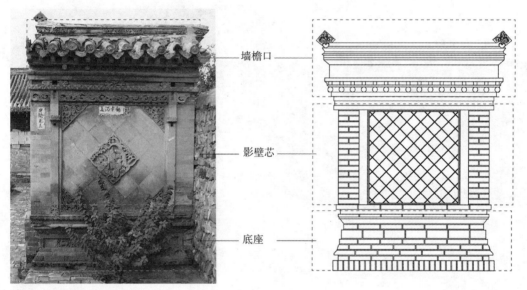

图6-34 影壁的三部分
（资料来源：作者拍摄）

墙檐口

影壁芯

底座

图6-35 方砖影壁芯
（资料来源：作者拍摄）

图6-36 青砖影壁芯
（资料来源：作者拍摄）

图6-37 土坯影壁芯
（资料来源：作者拍摄）

6-36）或土坯饰面配神龛（图6-37）。大部分影壁芯贴面中间会突出青砖雕刻的图案，如果是大户人家会更加精致，贴面的四角也会有三角形雕花。这些雕花常采用吉祥图案，影壁的上部多用青砖雕成檩和椽，再配上瓦，做出精致的墙檐口。

6.1.5　内部隔墙

内部隔断有两种方式，一种是土坯墙（图6-38），另一种是木格栅（六扇门）（图6-39）。在墙体章节中只对土坯墙进行研究讨论，木格栅部分将放在装饰小节中详述。

图6-38　土坯内墙
（资料来源：作者拍摄）

土坯内墙（当地叫做腰墙），腰墙木构架被分成两部分，分别为上架和下架。上架和下架的墙体做法均是土坯砌筑，外面抹白灰，但是在厚度却有所差异（图6-40）。这种做法是为了使上架的木结构暴露在外，从而增加木头的使用寿命，且可以减轻下架的承重压力。下架的土坯砌法与山墙的土坯砌法相同，一种是顺砌，另一种是顺纵砌结合。顺纵砌结合的方式通常是一层纵砌土坯，上面两层或三层顺砌土坯。为保证下架的寿命，也会像山墙一样采用八字收脚；上架的砌筑做法是用小土坯和碎砖混合物把其空隙填充，内部的砖石混合物没有固定的砌筑方式，尽可能让梁架暴露在外即可。

图6-39　木格栅
（资料来源：作者拍摄）

图6-40　内墙上下架厚度
（资料来源：作者拍摄）

腰墙的厚度较厚，这个厚度直接受土坯的尺寸影响，通常都有8～8.5寸。腰墙会开门洞，但墙体过厚，为了不使墙体显得过于厚重，门洞两侧的墙体会向内收，平面上形成等腰梯形（图6-41）。这样的做法既能使墙体不显厚重，又能使室内的直角减少，增加整体的美观性。

在腰墙上通常会设计烟道，这是因为北方天气寒冷，每家每户都要设炕（炕的位置通常紧靠前墙）。大多数烧炕的灶都设置在明间客厅，烟道通过腰墙通向屋顶的烟囱（图6-42）。有烟道的腰墙上会设置小灶门，可通过小门来调节热量的传导。

图6-41　门洞两侧内收
（资料来源：作者拍摄）

6.1.6　墙体与木构架

提到北京民居的木构架，通常都会提到"墙倒屋不塌"这句熟语，在之前讲到木构架小节中发现榆林堡村落中民居里下架几乎没有横向连接构件，虽然没有墙体

图6-42　烟道
（资料来源：作者拍摄）

整个屋架也会屹立不倒，但是没有横向构件的连接，整个结构的稳定性亟待提高，因此墙体在民居中需要承担稳定构件的责任。

为了能使柱子尽可能地暴露在外，防止木结构腐烂，且能保证墙体与柱子的稳定性，墙体与木构架之间的节点也需要进行特殊处理。故在外墙土坯与柱子交界处采用抹角的处理手法，这样可以使柱子增大与空气的接触面积。在内墙侧与柱子粘结处，工匠会使用有一定弧度的土坯，或者在接缝处填充土浆，增加柱子与墙体的结合度，使整个房屋更加稳定。

在上一小节中提到腰墙的做法，下架土坯较厚，上架土坯较薄，一是为了使上架的木结构与空气接触，又可以隔音保温；二是更为重要的原因是为了减小上架的重量，因较其他地方的民居，榆林堡民居中的柱子直径较小，所以结构的稳定有局限性，下架土坯厚，上架土坯薄，使下架更易承担上架和填充土坯的重量，使整个木构架更加稳固。因此该处民居中的山墙为承担上架的重量也做出了不可磨灭的贡献。

在榆林堡民居中墙体与木构架息息相关，缺一不可。民居中各部分各司所职，相互支撑才能形成一个完整的营造体系。

6.2　屋面特点

榆林堡古民居中的屋面均采用筒瓦屋面的做法，一般情况下北京普通民居中多采用合瓦屋面，这也证明了榆林堡驿站功能特性的不同，也造就了屋面属性的不同。该处民居屋面的明显特点是拥有优美的弧线和高耸的屋脊。下面对屋面构造进行相应阐述。

6.2.1　屋面构造

筒瓦屋面是指半圆形的筒形瓦作为盖瓦，用弧形的板瓦作为底瓦（图6-43）。根据覆盖的位置和方式，板瓦因为凹面朝上，铺设在底层，所以被称为阴瓦，筒瓦凸面朝上且覆盖在两陇板瓦之上，所以被称为阳瓦。通常这种屋面多被用于官式建筑或大型豪宅，由此榆林堡驿站建筑受官用建筑影响的可能性被证实。

板瓦分为尽端滴水的板瓦和普通板瓦两种形式。普通板瓦平面上是等腰梯形，短边尺寸为4.5寸，长边尺寸为6寸，厚度为8分；从立面上看为弧形，高度为1.5寸。尽头的板瓦厚度为7寸，立面弧形的高度为1寸，短边和长边的尺寸与普通板瓦相同，唯一不同的就是尽头会有滴水并雕有图案，形状近似为三角形，底边为4.5寸，高度为2寸，滴水与竖直方向成30°起翘。

图6-43　板瓦实物图
（资料来源：作者绘制、拍摄）

筒瓦的尺寸按位置的不同有两种形式，分尽端和普通筒瓦两种。普通筒瓦成半圆形，直径为3.5寸，在前端会有半径略小的瓦舌，尺寸待定，瓦舌是方便每片瓦能更好的叠扣。位于尽端的筒瓦应与尽端板瓦作用相同，存在猫头的构件。尽端筒瓦的瓦舌位置被换做圆形的猫头，上面会有不同含义的纹饰（图6-44）。

屋脊是屋面最重要的组成部分，主要作用是防止屋面转折处雨水渗漏。在硬山民居中筒瓦屋面屋脊包括正脊和垂脊两个部分，外观朴素，层次分明。正脊在北京民居中的分类有：清水脊、鞍子脊和过垄脊；垂脊分为披水排山和梢垄。其中在榆林堡民居中与筒瓦屋面相搭配的正脊为清水脊，垂脊为梢垄（图6-45）。

图6-44　筒瓦实物图
（资料来源：作者绘制、拍摄）

6.2.2　清水脊构造

根据相关资料的记载，清水脊屋脊是北京民居中最复杂的一种正脊形式。在榆林堡村落中有一种形式是纵向自下由上为当沟、盘子、头层瓦条、二层瓦条、平草砖、眉子和立方砖（图6-46）。在该处民居中正脊有所不同，因为榆林堡民居存在过道这个元素，这一点在正脊中也有所体现，在过道正上方处多会断开并在中间立方砖（图6-45），方砖多会雕有不同的花纹。这种做法不仅反映了建筑的构造，同时也增添了层次感。

图6-45　榆林堡民居屋面形式
（资料来源：作者绘制、拍摄）

清水脊不同部位的尺寸也是有固定数值的，其中当沟是由筒瓦铺设而成，所以尺寸是固定的，高度为1.5寸。盘子的尺寸为1.5寸。头层瓦条为1寸，二层瓦条为1.2寸。平草砖因不同经济基础的宅院尺寸而异，为1.5寸。楣子的高度为2寸，包括楣子沟（0.6寸）。

6.2.3 垂脊构造

该处民居的垂脊处理比较简单，叫做梢垄。这种屋脊的做法是尽端用筒瓦结尾，在筒瓦下面会砌筑一层披水砖。而垂脊由一系列构件组成，不只是由梢垄和披水砖。根据纵向自上而下的顺序为：梢垄、披水、博缝、拔檐和披水头（图6-47）。

垂脊的不同构件因为有固定的砌筑方式，所以尺寸数值也是固定的。其中梢垄是筒瓦的半径，为1.75寸，披水是一层顺砌青砖，则厚度为1.8寸，博缝是斗砖的顺砌，尺寸在4~8寸之间，拔檐在山墙部分已经提到，是采用了两层，一层是把顺砌的砖横截面切成梯形，长边为1.8寸，短边为1寸，高度为1.8寸。这种构造是为了更易上接博缝，下接第二层拔檐，第二层拔檐也采用顺砌的方式。

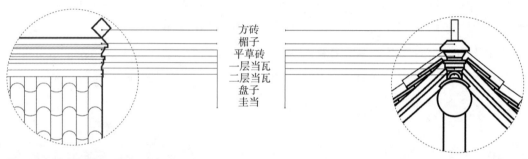

图6-46　清水脊构造
（资料来源：作者绘制、拍摄）

图6-47　垂脊的名称
（资料来源：作者绘制、拍摄）

小结

本章重点研究的是榆林堡民居围护结构的营造，分析木构架与围护结构和屋面结构之间的联系。

榆林堡民居中墙体研究的总结如下：

1. 因为榆林堡民居中木构架的特殊性，墙体也成为维持房屋稳定性的重要因素。

2. 墙体分为山墙，前墙和后墙，每部分的砌筑方法都采用外扒皮的构造做法，但又因为各自位置和功能不同，会存在特殊性。

3. 腰墙可以分为两种，一种为土坯墙，另一种为木格栅（六扇门）。土坯墙的作用不仅有隔音保暖的作用，更重要的是承重，所以墙体较厚；而木格栅的目的是增加美感，且能更好地解放室内空间。

屋顶作为围护结构，不仅起到了隔热保温防雨的基本作用，更重要的是体现了建筑第五立面的美观性，屋顶各部分的构件尺度恰到好处地呈现出比例美；屋顶是整个建筑中出现的为数不多的曲线元素，这与平直的构架和墙体等形成对比，展示了反差美。

榆林堡屋顶使用的是筒板瓦和清水脊，从侧面验证了整个榆林堡村落的官式建筑血统，也说明了驿站功能的特殊性。

第7章　装饰与小木作构造与模数研究

7.1　装饰装修概述

装饰装修的主要作用是对空间进行划分以及满足对生活的美学需求。装饰装修按位置可分外部装修和内部装修两种。外部装修包括门、窗等；内部装修在榆林堡民居中包括六扇门以及室内其他种类的门和窗。

榆林堡村落中外部装饰门窗类型包括街门、夹门、支摘窗和牖窗。当地把作为门户的宅门称做街门，院内建筑上的门叫做夹门；建筑前墙上的窗户称之为支摘窗，建筑后檐墙窗是牖窗。

7.1.1　街门

榆林堡中街门形制较为统一均为金柱大门，顾名思义，大门位于前金柱的位置。为增添其美观性，使整个大门形成不同层次，会在前檐柱处设置雀替等装饰物（图7-1）。

街门的组成部分包括槛框、门扇及其他构件（图7-2）。其中槛为横向构件，框为纵向构件。槛在街门中为通长的构件并无断点，而框会在槛的位置处出现断点，形成丁字形节点。在嵌以下的横向构件为上槛，贴于地面的横向构件为门槛，介于两者中间的通长横向构件为中槛，中槛也是决定门高度的决定性构件。纵向垂直构件中紧贴柱子的为抱框，决定门宽度的竖向构件为门框，抱框与门框之间会有一定距离，通常使用木板填充封堵。而封堵的

图7-1　榆林堡民居中的金柱大门
（资料来源：作者拍摄）

木板被中槛分为两部分，上面的填充木板被称为走马板，下面的木板被称为余塞板。榆林堡民居中的大门很少有鼓抱石，所以下槛中会在对应门框的位置卡入两根木条，其被称之为门枕木。中槛朝向院落内侧会有一根通长横木与柱子相交，这一横木称为连楹。门枕木和连楹是通过门轴连接门扇的重要构件。

该村落的门扇为攒边门，组成部分有门边、门轴、抹头和门板。门扇上两根垂直构架叫做门边，长度从下槛上边到中槛下边。靠近柱子的门边上下会多出圆柱形门轴，与连楹和门枕木相接（图7-3）。抹头是横向的门边，抹头和门边组成封堵门板的框架。门板内立面中部会设置门插便于锁门。门板面外立面中上部会加金属构件，名为门钹，其既可用于扣门，又可起到装饰作用（图7-4）。

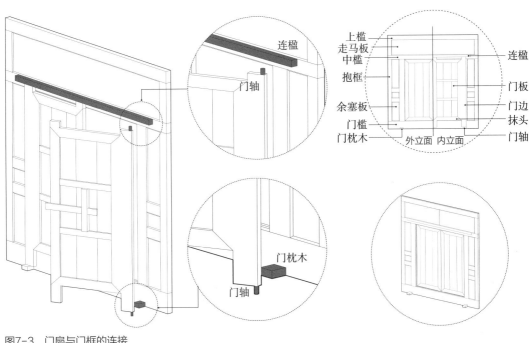

图7-3 门扇与门框的连接
（资料来源：作者拍摄）

图7-4 门钹
（资料来源：作者拍摄）

图7-2 街门的组成部分
（资料来源：作者拍摄）

7.1.2　夹门

榆林堡村落民居中分隔室内外的门为夹门，这种门的等级和规格并不高，夹门的位置通常在明间中心部位开启门扇（两开间厢房则会偏向街门一侧），门扇直接与前墙（槛墙）窗相接。门扇通常分为四部分，为上槛、中槛、下槛（门槛）和抱框。

7.1.3　支摘窗

支摘窗是次间安抱框中的窗户，并且分为上下两部分，上部窗可向上支起，并采用钩子固定，下侧窗是固定窗，固定窗一般由两个或三个横向排列的小窗组成，在夏天可拆卸，因此而得名支摘窗。但现在下面的摘窗已经多用玻璃代替，原有的摘除功能已丧失。

支窗一般分为内外两层，外层多用纱窗，内层裱糊窗户纸，这种做法既可以保证采光又具有通风保暖的作用。

7.1.4　牖窗

建筑后墙上的窗户统称为牖窗，受安全性、个人隐私性或为增加采光面积等因素的影响，设置的高度不定，但在早先其设置位置通常较高。牖窗构造较为简单，后墙通常比较厚，会形成筒子口，在洞口中嵌入简单格窗即可（图7-5）。

图7-5　牖窗
（资料来源：作者拍摄）

7.1.5　六扇门

榆林堡民居的内部装饰很简单，基本是单纯的土坯砌筑的腰墙或在腰墙上开门窗，窗的类型与室外明间的门窗组合类型相似（图7-6），只有少部分的家庭会在室内安装六扇门。其构件包括外框和隔扇，隔扇为六扇，顾名思义为六扇门。它作为室内隔断，安装在进深方向的柱之间。

构造并不复杂，每扇门的木构框架由竖向的边框和横向的抹头组成，抹头又将门扇分成槅心、绦环板和裙板三部分。木门扇通常为五抹或六抹，即框架有五根或

图7-6　腰墙开窗
（资料来源：作者拍摄）

六根横向的抹头将门扇分成了上中下两块或三块绦环板、一槅心和一裙板共四部分或五部分。槅心是门扇的主要部分，槅心一般占整个门扇高度的二分之一（图7-7），作为主要通道的门扇会与其他部分门扇不同（图7-8）。槅心会有棂格或者雕花，裙板绘制吉祥图案，以起到美化作用。

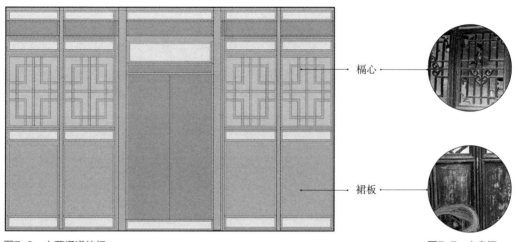

图7-8 主要通道的门
（资料来源：作者绘制）

图7-7 六扇门
（资料来源：作者拍摄）

7.2 门窗构件模数

在榆林堡驿站村落民居中，除了村落布局、院落空间和建筑空间中存在模数关系外，在构件中也会存在相应的模数，如墙体、前墙（槛墙）门窗、大门、影壁和屋顶。本小节将深入探讨门窗构件的模数关系。

7.2.1 前墙窗模数关系

前墙（槛墙）窗是在前墙（槛墙）上的窗，该类窗户在明间和次间的组合方式因门的位置而异，其中明间窗通常是与门扇组合，次间窗则是与支摘窗组合。

1. 前墙（槛墙）窗的组合方式

明间门窗的组合方式有两种（图7-9）：一种是门两侧有单扇固定窗，且门上有横陂的组合；另一种是门两侧有上下分开的两扇固定窗，门上有横陂窗的组合，第二种组合方式中下部窗户有单格和两格的组合。

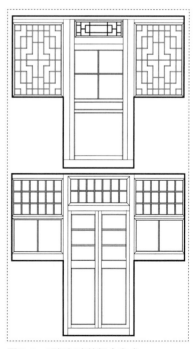

图7-9 明间门窗的组合方式
（资料来源：作者拍摄）

次间的组合方式也有两种，均是与支摘窗的排列组合。

次间的组合方式（图7-10）：第一种只存在支摘窗并且两组成面；而第二种不仅有支摘窗（这种支摘窗通常为上下等大），两侧还分别设有一扇固定窗。

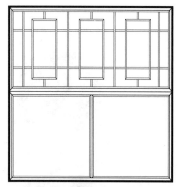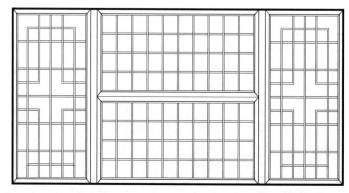

图7-10 次间门窗的组合方式
（资料来源：作者绘制）

2. 前墙（槛墙）窗高度的模数关系

前墙（槛墙）上窗的尺寸受限于几种建筑因素，其环环相扣。首先窗决定于前墙（槛墙）的高度，其次是前墙（槛墙）的高度又受限于门的高度，最后只有确定前两者的尺度才能计算出窗户的总高。

A基本模数——门高

明间的前墙（槛墙）门在当地分隔有四六分的说法。所谓四六分，是把整个檐枋下的高度定为十，其中门扇中分隔的下部加门槛的高度为四，上部剩余的高度为六。门高度统计表如表7-1。

根据统计，倒座的门高约为2200毫米；厢房的门高比倒座略低35毫米，在2160毫米左右；正房的门比倒座门高150毫米左右，在2350毫米左右。为了验证门四六分的说法，选用一套完整的四合院来研究（小北街14号）。

倒座的门高2200毫米，其中门扇下部分隔加门槛为860毫米，上部为1340毫米，则下部的比例为0.39，接近四六分。厢房的门高为2160毫米，门扇下部加门槛为860毫米，上部为1300毫米，下部比例为0.398；正房的门高（图7-11）为2340毫米，其中门扇下部加门槛为960毫米，上部为1380毫米，则下部的比例为0.41。根据对这些完整的四合院相关数据的研究，四六分的结论已得到初步验证。因为尺寸的原因，少数院落中的建筑门高会稍作调整，所以会存在例外，在此不做研究。

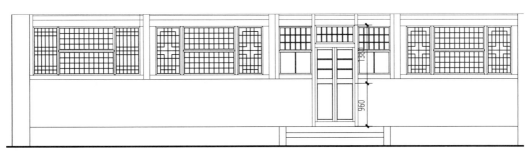

图7-11　2号院正房立面门窗高度
（资料来源：作者绘制）

门高度统计表　　　　　　　　　　　　　　　表7-1

前墙门		倒座mm		厢房mm			正房mm		
小北街 12号	2200	上窗	1340*400						
		下门	1340*1900						
赵家胡同 5号	2250	上窗	1080*370	2170	上窗	710*320	2375	上窗	800*600
		下门	1080*1880		下门	710*1850		下门	800*1875
小北街 14号	2200	上窗	780*370	2160	上窗	760*250	2340	上窗	940*430
		下门	780*1830		下门	760*1910		下门	940*1910

　　B前墙（槛墙）与门高的关系

　　前墙（槛墙）通常和门下部分隔存在关系，通过对测绘图进行统计和分析，得出一般是门扇下部分隔加门槛高度约等于前墙（槛墙）高度，前墙（槛墙）部分高度通常在835～990毫米的范围内，并且可以通过使用情况调整到相应的高度，以方便使用。按理论门扇下部加门槛高度也应该在835～990毫米之间。

　　C前墙（槛墙）窗与门高和前墙（槛墙）的关系

　　前墙（槛墙）窗的总高度等于门高减去前墙（槛墙）的高度（前墙窗高=门高-前墙高）。根据数据计算，倒座的前墙（槛墙）窗为1210～1325毫米，厢房的前墙（槛墙）窗高度为1170～1335毫米，正房的前墙（槛墙）窗高度为1360～1515毫米。

7.2.2　支摘窗的模数关系

　　榆林堡驿站民居次间的开窗方式有两类在上文已经提及，两类方式中都存在支摘窗，在明间门两侧同样也存在支摘窗的形式。榆林堡民居支摘窗的窗心部分是由棂条花格组成。棂条花格有四种形式，第一种是上下均为正搭正交方眼隔窗，俗称豆腐格（图7-12a）；第二种是上为套方灯笼锦（图7-12b），下为两个或三个方格窗；第三种是上为正搭正交方眼隔窗，下为两个或三个方格窗（图7-12c）；第四种是上为长方形网格纹路，下为两个或三个方格窗（图7-12d）。这四种窗有何关系，存在的榠条花格元素又是否存在模数关系，将通过下面的内容进行剖析。

1. 支摘窗的分隔模数

从对调研数据的总结中发现，支摘窗的空当（分隔空当被称之为榠间空当）与榠条宽度有较为密切的关系，空当与榠条有固定的比例关系。

第一种窗户形式为双正搭正交方眼隔窗，这种豆腐格象征网，有招财进宝之意，正搭正交纹路也则有正直之意。这种窗在榆林堡驿站民居竖向布局中采用上下均分、两组拼接的分

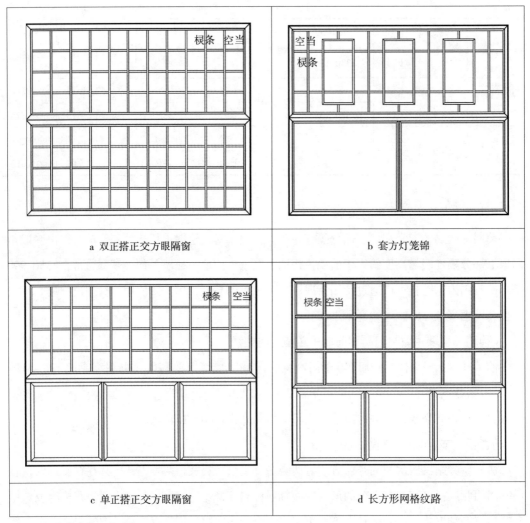

| a 双正搭正交方眼隔窗 | b 套方灯笼锦 |
| c 单正搭正交方眼隔窗 | d 长方形网格纹路 |

图7-12　支摘窗的四种形式

（资料来源：作者绘制）

隔方式（图7-13）。棂条宽度为20毫米，出挑25毫米，棂条表面没有任何凸起，通长平直，棂条空当是棂条宽度的5～5.5倍，空当尺寸为100～110毫米。

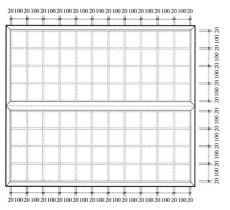

图7-13　正搭正交方眼隔窗模数
（资料来源：作者绘制）

第二种窗户上为套方灯笼锦，下为两个或三个方格窗，上部套方格子均为矩形。且棂条宽度为15毫米，出挑20毫米，表面平直。每一个套方灯笼锦单元的最小空当为5～5.5倍棂条宽度，最大空当是最小空当的三倍；上部的窗户通常是用三个套方灯笼锦单元组成，根据开间的不同会在一组灯笼锦的两边加一倍或者两倍的最小空当来补足开间尺寸的空缺。下面两个格子或三个格子的模数通常决定于上部窗的模数，下部若要分割成三个方格，则每个分格尺寸需达到约400毫米。若单格不能达到400毫米，则下部会被分成两格，尺寸为550～600毫米。这种形式竖向布局灯笼锦与分格窗上下部分的比例关系为1∶1（图7-14）。

第三种窗户上为单正搭正交方眼隔窗，下为两个或三个方格窗。模数上部与第一种模数

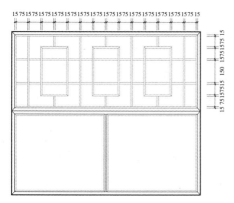

图7-14　套方灯笼锦支摘窗模数
（资料来源：作者绘制）

相同，下部模数与第二种下部相同，竖向布局上下部分的比例关系仍为1∶1。

第四种是上为长方形网格纹路，下为两个或三个方格窗，也是现存最多的形式（包括20世纪七八十年代的房子）。这种方格网络的模数与之前的模数有所不同。该部分的楞条宽度有20毫米和40毫米两种。通常是把支摘窗的上部横向平均分成六份，也会出现五份或者六份的情况，尺寸在170毫米左右；竖向平均分成两份或三份，两份或三份是根据竖向尺寸的大小而定，保证竖向尺寸在200毫米左右。这种形式上部与下部的比例是3∶2的关系，也有极少数情况为1∶1的比例关系（图7-15）。

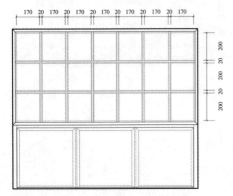

图7-15 长方形网格纹路支摘窗模数
（资料来源：作者绘制）

2. 固定窗与支摘窗模数关系

这里所说的固定窗是在支摘窗和门左右两侧的窗户。支摘窗两侧的固定窗有两种形式：码三箭和套方（图7-16），通常码三箭与正搭正交方眼格支摘窗相搭配。门两侧的固定窗则是套方的形式。

图7-16 固定窗立面照片
（资料来源：作者绘制）

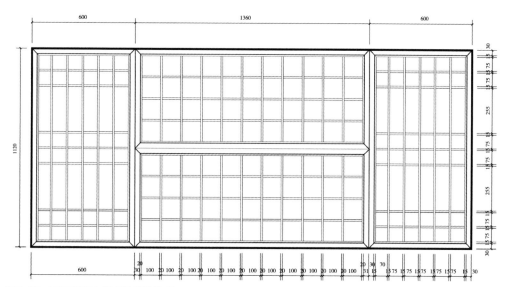

图7-17 固定窗和支摘窗的模数关系
（资料来源：作者绘制）

A组合关系模数（图7-17）

根据对支摘窗的分析，与固定窗组合形式搭配的比例为固定窗。支摘窗：固定窗的比例为1∶2∶1或1∶2.5∶1。以测绘榆林堡小北街14号为例，正搭正交方眼支摘窗的横向分隔为10份或11份，则总宽为窗框（30毫米）、棂条（20毫米）和空当（100毫米），约为1360毫米；纵向分隔为4份，总高为560毫米。则固定窗的总高为两倍的支摘窗高度约为1120毫米，横向宽度为1.15倍的支摘窗总宽约为600毫米。

B固定窗单元格之间的模数

因为固定窗是传统窗的范畴，所以模数也是以棂条为模数单位。

第一种码三箭形式（图7-18），棂条宽度为15毫米，出挑20毫米，表面平直。每一个最小空当为5～5.5倍棂条宽度，竖向最大空当是最小空当的三倍。

第二种套方形式（图7-19），棂条宽度为15毫米，出挑20毫米，表面平直。每一个最小空当为5～5.5倍棂条宽度，最大空当是最小空当的两倍。

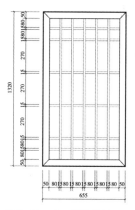

图7-18 码三箭模数关系
（资料来源：作者绘制）

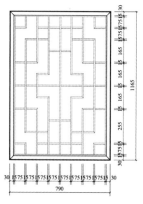

图7-19 套方固定传模数关系
（资料来源：作者绘制）

7.2.3　门与门头窗的模数关系

1．门的概念

前几节内容中所介绍门的高度是指整个檐枋下的高度，其中包括横陂和门扇。门扇是指分隔室内室外的木门，都安装在金柱或檐柱间。横陂是门扇上的小窗户，俗称门头窗。在榆林堡村门扇通常都是由一扇或者两扇组成。

正房和倒座门扇设置在明间，一般情况是两个门扇；厢房三开间门扇也设置在明间，若是两开间则门扇会开设在靠近大门的位置，厢房的门扇都采用一扇门的做法。

榆林堡民居的门扇通常分为四个部分，分别为上槛、中槛、下槛（门槛）和抱框（图7-20）。中槛和门槛的距离是门扇的净尺寸，中槛与上槛的净尺寸为横陂的宽度，所以中槛的位置决定了横陂和门扇的比例关系。横陂窗有不可开启和可开启两种形式。

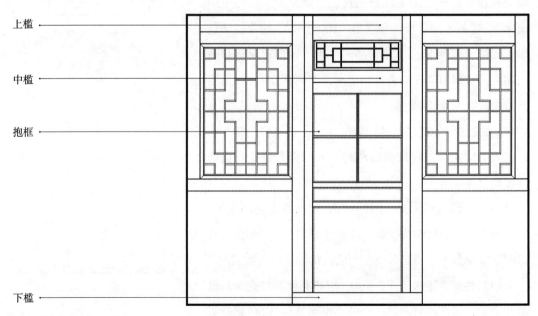

图7-20　门扇的组成部分
（资料来源：作者绘制）

2. 门与横陂窗的模数

在上面提到中槛的位置决定了横陂和门扇的比例，根据对现有测绘资料及相关数据分析，横陂与横陂下部的比例为0.12 ~ 0.15。横陂多为套方和方格网的棂条花格形式（图7-21）。所以横陂的比例关系与支摘窗的模数关系相似，都是以棂条为模数单位。棂条宽度10毫米，出挑20毫米，棂条横向最小空当约为棂条的六倍；棂条纵向最小空当为棂条的四倍。方格网通常双扇门采用三分格，单扇门采用两分格的形式。

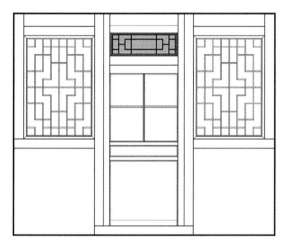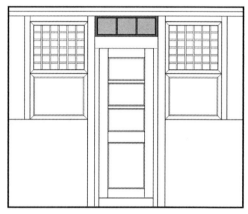

图7-21 明间门与横陂
（资料来源：作者绘制）

小结

本章因对前几部分中聚落、院落和单体模数关系的研究发现建筑单体构造环环相扣，各部分构件相互限制，数据也相互制约，因此大胆推测构件也将存在某种模数关系，以此进行研究。

门扇受围护结构和大木作构件的限制，形成四六分的模数体系；窗受开间的影响形成大的窗户框架，内部棂条与空当形成固定的模数关系。

因整个模数体系的形成，使院落中建筑单体形成规则的形式美和比例美。

本章对构件模数和形式的研究是对榆林堡构件模数的初步探索，通过数据化的结论记录门窗构件，从而使其在被修缮及改建门窗时有据可依。

第8章　鸡鸣驿与榆林堡驿站空间营造对比

怀来县

鸡鸣驿乡

鸡鸣驿村

图8-1　鸡鸣驿区位
（资料来源：作者绘制）

本章以榆林堡驿站与同类驿站空间鸡鸣驿进行横向对比的研究为重点，运用前7章节对榆林堡驿站中聚落、院落及单体较为细致的研究内容与鸡鸣驿进行类比，可以更明确地了解京冀驿站聚落和院落空间营造规律及原则。

选择鸡鸣驿作为研究对象主要因其相对榆林堡驿站有三大可比性。

第一，是属于同一驿传路线；

第二，地理位置相距不远，地域差异性不大；

第三，鸡鸣驿作为现存最大的驿站聚落，其功能的完善有利于对榆林堡驿站进行更深刻和细致的了解。

鸡鸣驿位于河北省怀来县鸡鸣村，距离县城西北18千米。整个驿城背靠鸡鸣山，东临东沙河，原驿道由城南垣外径行。近代修建了诸多交通道路，分别是从城北、城南通过的京张公路、京包铁路（图8-1）。

元代初期鸡鸣驿只是行营，到元代后期疆土不断扩大，从怀来到幽州途经的任务繁多，因此把行营改为鸡鸣驿。明朝时，鸡鸣驿成为从宣府到京城的途中第一大驿站，清代因为北洋政府撤销了邮政系统，鸡鸣驿从此结束其驿站的历史使命。因与本书主要研究的榆林堡驿站同属一线路，所以鸡鸣驿成为研究榆林堡驿站古城布局及院落空间的重要对比和参考对象，下述内容将详述这两方面。

8.1　古城空间布局

8.1.1　鸡鸣驿的基本形制

鸡鸣驿与榆林堡驿站不同，只有一个近似正方形的城郭（图8-2），且城墙的砖包土保存较好。东城墙长464米，西城墙长459米，南城墙长482米，北城墙长486米。四面城墙上有

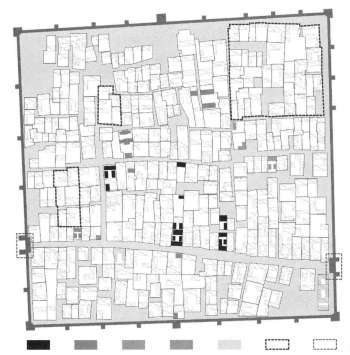

驿站专用功能	庙宇	行宫	当铺	文物单位	马号驿仓	城门

图8-2　鸡鸣驿现状平面图及功能分布
（资料来源：作者绘制）

4个角台，26个墙台和东西两城门。城墙上的垛口也保存完整，以3.5米的间隙排布，垛墙上射孔、望孔和排水孔一应俱全。整个鸡鸣驿城从东到西有三条横穿的大街，最南侧的横穿大街叫前街，中间的横穿大街称之为二道街，最北侧的小道是三道街。南北向有两道街为东街和西街。横纵5条街道，将整个驿城分为12个不等的区域。前街作为最主要的街道宽9米，商街、政街、庙宇和大户人家均分布在此处。西街宽8米，有大量的庙宇，是第二大道。东街相对于西街古建筑较少，但是驿仓分布于此。环城驿道位于城墙内侧，宽5米，与城墙上五处马道相接，便于传输信息和设防。整个鸡鸣驿道路系统完善，功能完备，是保存较好的驿站遗址。

城外的原有设施大部分已不复存在，南城外原有东西向的驿道还能依稀看到约5米的踪迹，叫做南官道。据资料记载这条路两侧商业林立，不仅分布了各种商店、旅店还有城隍行宫等；驿道延伸方向还分布烟墩，如驿城东侧1250米处、2500米处就有二里烟墩和五里烟墩；东侧城墙外有高3米的一道南北向护城石坝，西侧有守军的校场等。

8.1.2　两大驿站基本形制对比

1. 街道布局

鸡鸣驿被三条东西道路贯穿，从南到北分别为前街、二道街和三道街，此外两条南北道路分别为东西街。五条道路把整个村落划分成方格网状，形成十二个块状区域，中部区域密集，南北边缘稀疏。仔细观察虽只有东西两座城门，但是全城原址中有三条东西贯穿城区的道路和一条在城墙内的环城驿道相接（图8-3），这样可以与马道紧密结合，便于形成集结空间，达到快速送报的目的。

榆林堡驿站的北城道路为抽象的"中"字形，南城被道路十字划分，整个北城无一条贯穿东西的道路，而是在内部形成环路（图8-4），沟通整个北城区域；南北城道路的整体布局呈鱼骨式，此种布局达到次级街道更快速进入主干道的目的，使先后修建的北城和南城更好的结合，使北城的各处均能迅速到达驿道，详细内容见第2章双城品字形布局章节。

两大驿站道路布局异同总结 表8-1

相同点	1. 两个驿站古城道路皆为井田式划分，形成聚落骨架； 2. 运用道路分片，形成疏密区域，初步划分功能分区； 3. 横向连接城门的道路，既承担了连接驿道的作用，又有促进商业发展的作用
异同点	1. 鸡鸣驿内侧为网格道路，外侧形成环形道路；榆林驿南北两城形成鱼骨形道路，北城局部形成内部环路； 2. 鸡鸣驿的横向道路为聚落中的主要交通干道，而榆林驿纵向道路是连接南北城的主要道路
异同 主要原因	因为鸡鸣驿是一个完整的方形城郭，没有扩建和改建的迹象，因此道路系统是一次规划成型，网格道路与外环道路相辅相成。而榆林驿先后建造南北城，两城独立的道路系统后期进行融合，以此完善道路的连接功能； 或因榆林堡后期房屋加建导致原道路系统被破坏，有待继续挖掘更原始的聚落布局

（资料来源：作者整理）

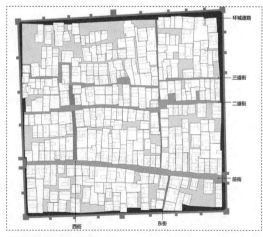

图8-3 鸡鸣驿街道布局
（资料来源：作者绘制）

图8-4 榆林堡街道布局
（资料来源：作者绘制）

2．功能分布

鸡鸣驿把前街、二道街、西街和东街四条街共同围合的区域作为军政区，把它作为整个聚落的中心点，奠定其功能的重要性，其他服务设施分布在周边；商业区位于中心区域南侧（前街两侧），主要包括当铺、作坊、酒店和商店等，之所以把商业区放置于前街，是因为这条街道沟通了东西城门，且与驿道相连，形成较好的商业流线；行宫（文昌宫和泰山行宫）、马号（西号和大号）和庙宇（从南至北顺时针方向庙宇为老爷庙、城隍庙、财神庙、龙神庙、白衣观音殿和永宁寺）作为设施区分布于军政区四周，这样不仅可以使寺庙更好地服务于中心区域，也可使寺庙分布均匀，便于更多百姓使用（图8-5）。

榆林堡驿站的功能分布与鸡鸣驿有明显不同，其并不以军政区为中心，而是自北向南分别设置军政区，设施区和商业区。小东门街的北侧为军政区，包括驿丞属和总兵府等（现已不存在），虽然整个军政布局并不在城的中心，而处于整个城的北侧，但办公地点相对安静。这种布局方式的形成可能是驿丞属等军政区功能后来因为需求被迁至于此，并根据城的不断扩展，通过道路与其他不同的驿站功能联系；神庙街两侧被划分为设施区，主要设马号和庙宇（城隍庙、财神庙、龙王庙、火神庙、关公庙和观音庙等）；人和街（大街）两侧为驿站的商业区，主要包括驿馆、杠房、日常杂货商铺、手工作坊和客栈等。驿馆（刘家大院）位于大街西部的尽端，位于大街相对安静的区域，为下榻的官员提供安静的环境和便利的交通；因南城多为居民区，商业区位于大街可为百姓提供更多的便利条件（图8-6）。

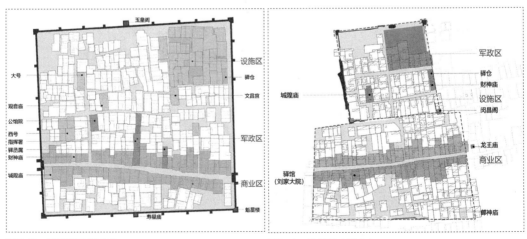

图8-5　鸡鸣驿功能分布
（资料来源：作者绘制）

图8-6　榆林堡功能分布
（资料来源：作者绘制）

两大驿站功能分布异同总结　　　　　　　　　表8-2

相同点	1. 功能均分为军政区、设施区和商业区； 2. 商业区均分布于东西贯穿的主要街道； 3. 均运用各自街道的优势来连接各功能，使驿站系统正常运营
异同点	1. 功能分布不同，鸡鸣驿以军政区为中心点，其他两大区域围绕之；榆林堡呈线性分布，从北向南分别为军政区、设备区和商业区； 2. 功能着重点不同，鸡鸣驿的着重点是以军为中心，其他功能皆服务于此；而榆林堡是以连接两城为主要目的，把军民共用的设施区放于中心，使功能尽量集中，实现动静分离
异同 主要原因	鸡鸣驿是一座初期修建完整的驿城，功能设施较为完善；而榆林堡根据需求扩建为南北城，功能设施因为城的扩建有所迁移，重新考虑布局方式

（资料来源：作者整理）

3．道路模数对比

鸡鸣驿驿站道路网络数据统计见表8-3：

鸡鸣驿道路间距（图8-7）　　　　　　　　　表8-3

边界到边界	东侧纵向间距		西侧纵向间距		边界到边界	横向间距
1-2	60丈		60丈		5-6	42丈
2-3	51丈	72丈	30丈	66丈	6-7	60丈
3-4	21丈		36丈		7-8	33丈

（资料来源：作者整理）

鸡鸣驿道路规律总结：

1）道路的横、纵向间距的数值为3丈的倍数；

2）鸡鸣驿中二道街将整个聚落以60丈的大网格进行划分，因为整个聚落是不规则矩形，所以数据会因城的实际情况进行调整，如东侧纵向间距多出12丈，西侧纵向间距多出6丈；

3）对于横向间距，虽没有明显的数据规律，但是60丈也是主要的基本模数。

针对榆林堡驿站道路网格进行数据统计，形成表8-4和表8-5。

榆林堡北城道路间距（图8-8）　　　　　　　　　表8-4

边界到边界		纵向间距		边界到边界	横向间距	
1-2		33丈		5-7	5-6	9丈	33丈
2-4	2-3	21丈	72丈		6-7	24丈	
	3-4	12丈		7-8		36丈	

（资料来源：作者整理）

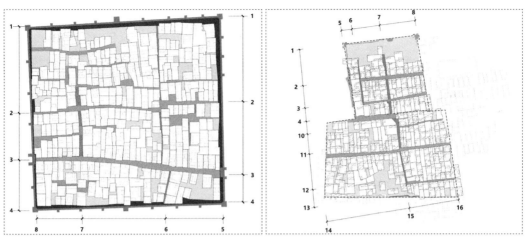

图8-7　鸡鸣驿道路间距编号
（资料来源：作者绘制）

图8-8　榆林堡道路间距编号
（资料来源：作者绘制）

榆林堡南城道路间距（图8-8）　　　　　　　　　　　　　　　　　　表8-5

边界到边界		纵向间距		边界到边界	横向间距
4-11	4-10	12丈	33丈	14-15	72丈
	10-11	21丈			
11-12		33丈		15-16	48丈
12-13		15丈			

（资料来源：作者整理）

根据上表总结如下规律：

1）北城、南城的横向、纵向间距数值均为3丈的倍数；

2）北城、南城的纵向间距以33丈作为道路大网格进行分割，若纵向间距在此网格中进行再次细分，最小间距将为9丈；其中南城在纵向间距多出15丈，这种网格有可能是在建城初期与地形、建造时期和建造程度有关；

3）北城的横向大网格间距为33丈和36丈，与纵向间距数值也相近，形成近似66丈×66丈的北城，北城的道路大网格为33丈×33丈；

4）因南城为不规则的梯形，榆林堡的纵向道路只有一条，则横向间距较大分别为西侧33+33+6丈和东侧33+33+15丈，与2）推测相似，因用地等原因造成道路网格有细微的误差。

两大驿站道路模数对比结论见表8-6。

两大驿站道路模数的异同点总结　　　　　　　　　　　　　　　表8-6

相同点	1. 道路间距均为3的倍数； 2. 聚落道路的大网格划分都有固定的数值，鸡鸣驿以60丈为单位，榆林堡以33丈为单位； 3. 虽有近似的大网格，但是都因为地势和地形等原因使聚落不规则导致误差
异同点	道路的网格划分虽均为3丈的倍数，但是因为城的大小和形状不同，造成大网格的数值并不相同
异同 主要原因	1. 均为3丈的倍数可能是因为在元代时期对道路规划的制度所决定； 2. 因为驿站聚落的大小和形状的不同决定了道路间距的合理性

（资料来源：作者整理）

8.2　院落空间营造

鸡鸣驿城的院落平面布局较为方正，院落朝向与榆林驿相比跨度并不大，角度在0°～4°之间（图8-9）。院落的基本形制同为一进院、二进院、三进院及跨院。在鸡鸣驿中最多的院落形制为一进院，大型院落数量较少，多集中在前街两侧。

8.2.1　院落空间对比

鸡鸣驿和榆林驿的院落空间形态差别并不大，在院落类型、平面、空间组合形式中有较为明显的体现。两驿站在建筑要素中存在些许差异，如榆林堡建筑要素中存在坡道，是由于榆林堡北向南地势逐渐增高，形成街道与院落内部高差，需利用坡道来沟通内外，但这些差异并不影响两驿站院落空间的诸多相似之处。

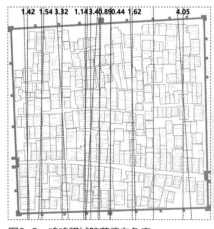

图8-9　鸡鸣驿城院落偏向角度
（资料来源：作者绘制）

院落空间对比表格见表8-7。

院落空间对比 　　　　　　　　　　　　　　　　　　　　　　表8-7

院落空间		鸡鸣驿	榆林驿
院落类型	一进院	一面、两面（L形及平行）、三面（凹字形）及四面的基本形式，详见第3章	同鸡鸣驿
	两进院	上述四种基本形式的一进院加第二进只有院子的院落形式； 二进院加有一排后罩房的形式； 或者二进院为四面被建筑围合的院落	同鸡鸣驿
	三进院	一种是最后一进院落只有一排房子； 第二种是最后一进院落为一进院的形式	同鸡鸣驿
	跨院	一种是在一进院、两进院的基础上两侧中的一侧加一排房子或是一个院子； 第二种是在一进院、两进院的基础上一侧加一个并列的院落	同鸡鸣驿
院落空间关系	建筑要素	正房、厢房、倒座、围墙和大门	坡道是不同的建筑元素
	平面布局	正房的进深大于厢房大于倒座	同鸡鸣驿
	立面错落	正房高于厢房高于倒座	同鸡鸣驿

（资料来源：作者整理）

8.2.2　院落固定形式对比

鸡鸣驿院落中的建筑单体与榆林堡建筑单体在过道这一建筑元素中存在差异，榆林堡在倒座和正房中都设置了过道，在鸡鸣驿中正房没有过道，采用的是穿堂门的营造手法。因为这些差异，建筑单体的尺寸较榆林堡会有所不同，以至于院落尺寸也会存在数据的差异。

1. 鸡鸣驿院落固定尺度

统计鸡鸣驿院落尺寸将整个驿城分为六个部分，分别为A、B、C、D、E和F区（图8-10）。

其中A区一进院为主，只有三户为二进院。一进院的组合方式为3丈×5丈/6丈/7丈、4丈×6丈/7丈和5丈×5丈/9丈；

B区一进院的组合方式为3丈×5丈/6丈/7丈、4丈×6丈/7丈、5丈×5丈/6丈/7丈和6丈×6丈/7丈；

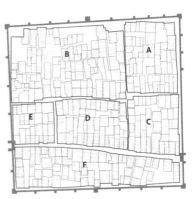

图8-10　鸡鸣驿院落统计编号
（资料来源：作者绘制）

C、D、E区一进院的组合方式为3丈×5丈/6丈/7丈、4丈×6丈/7丈、5丈×5丈/6丈/7丈/8丈和6丈×6丈/7丈；二进院的组合方式3丈×6丈+3丈×6丈、4/丈×6丈+4丈×6丈、5丈×6丈+5丈×6丈和6丈×6丈+6丈×6丈；三进院的组合方式为3丈×6丈+3丈×6丈+3丈×2丈、4丈×6丈+4/丈×6丈+4丈×2丈；

F区主要为一进院，组合方式为3丈×6丈/7丈、5丈×5丈/6丈/7丈、6丈×6丈/7丈和7丈×7丈/9丈。

综上所述，鸡鸣驿整个聚落中院落有以下几种固定组合形式，其中一进院为3丈×5丈/6丈/7丈、4丈×6丈/7丈、5丈×5丈/9丈、6丈×6丈/7丈、7丈×7丈/9丈；二进院为几种一进院形式的叠加，如3丈×6丈+3丈×6丈、4丈×6丈+4丈×6丈、5丈×6丈+5丈×6丈和6丈×6丈+6丈×6丈；三进院的形式和数量均较少，为3丈×6丈+3丈×6丈+3丈×2丈、4丈×6丈+4/丈×6丈+4丈×2丈。

2. 榆林堡院落固定尺度

和鸡鸣驿一样，榆林堡也把道路作为聚落的大网格划分的重要标志，院墙则是划分小网格的重要因素。院墙围合的尺度则是院落模数的重要衡量标准，在院落基本模块2中细致分析了榆林堡一进院及第一进院的尺度，但是在这里主要总结整个院落的院墙尺度及模数关系，通过对南北城院落尺度总结发现依然存在规律。其中北城是通过明尺进行总结，而南城则通过清尺进行尺寸总结（详见附录A），这种状况是通过数据本身规律进行推测产生的结果，总结如下：

北城分为A、B-1、B-2、C-1和C-2五个区域（图8-11）。

其中发现A区二进院的组合方式为3丈×6丈+3丈×5丈、5丈×7丈+5丈×5丈；

B-1区二进院的组合方式为3丈×6丈+3丈×5丈/4丈、5丈×6丈+5丈×2丈/3丈/4丈；

图8-11　鸡鸣驿院落统计编号
（资料来源：作者绘制）

B–2区二进院的组合形式为3丈×6丈+3丈×5丈、5丈×7丈+5丈×1丈/2丈/5丈；

C区二进院的组合形式为3丈×6丈+3丈×4丈/6丈/7丈、5丈×6丈+5丈×6丈/7丈、6丈×7丈+6丈×6丈。

通过对每个不同区域二进院落模数的总结，发现整个区域有四种院落的模数分别为：3丈×6丈+3丈×5丈、5丈×6丈+5丈×2丈、5丈×7丈+5丈×5丈和6丈×7丈+6丈×6丈。有这四种基本的院落尺度，且院落的进深稍有改变就会形成院落的串并组合形式。

南城分为D–1、D–2、E–1和E–2四个区域（图8–11）。

D–1区二进院的组合方式5丈×7丈+5丈×3丈/5丈/7丈、三进院的组合方式5丈×7丈+5丈×7丈/9丈+5丈×3丈/7丈；

D–2区一进院的组合方式为3丈×6丈、5丈×7丈；二进院组合方式为3丈×6丈+3丈×2丈/7丈/11丈、5丈×7丈+5丈×6丈/7丈；

E–1区一进院的组合模式为5丈×7丈/8丈，6丈×6丈/8丈，4丈×8丈；三进院的组合模式为4丈×6丈+4丈×5丈/6丈/9丈+4丈×6丈、5丈×7丈+5丈×7丈+5丈×3丈/4丈；

E–2区一进院的组合模式为4丈×5丈/6丈/7丈/8丈，二进院为4丈×7丈+4丈×3丈。

南城区域的一进院模数总结为3丈×6丈、4丈×8丈、5丈×7丈；二进院的院落模数为3丈×6丈+3×7丈，5丈×7丈+5丈×7丈，4丈×7丈+4丈×3丈；三进院为5丈×7丈+5丈×7丈+5丈×3丈/7丈、4丈×6丈+4丈×6丈+4丈×6丈。南城的组合方式与北城相比形式多样，运用清尺计算的南城与运用明尺的北城几种尺寸模数相同。这几个基本尺寸也会根据地形的不同，院落进深会有细微改变。

3. 鸡鸣驿与榆林堡院落固定尺度对比总结

根据上述内容，鸡鸣驿与榆林堡院落固定形式如表8–8。

院落类型尺寸总结　　　　　　　　　　　　　　表8–8

类型	鸡鸣驿	榆林驿
一进院	3丈×5丈/6丈/7丈 4丈×6丈/7丈 5丈×5丈/7丈 6丈×6丈/7丈 7丈×7丈/9丈	3丈×6丈 4丈×8丈 5丈×7丈
二进院	3丈×6丈+3丈×6丈 4丈×6丈+4丈×6丈 5丈×6丈+5丈×6丈 6丈×6丈+6丈×6丈	3丈×6丈+3丈×5丈/6丈 4丈×7丈+4丈×3丈 5丈×6丈+5丈×2丈 5丈×7丈+5丈×5丈 6丈×7丈+6丈×6丈
三进院	3丈×6丈+3丈×6丈+3丈×2丈 4丈×6丈+4丈×6丈+4丈×2丈	4丈×6丈+4丈×6丈+4丈×6丈 5丈×7丈+5丈×7丈+5丈×3丈/7丈

类型	鸡鸣驿	榆林驿
尺寸总结		
相同尺寸	一进院3丈×6丈、5丈×7丈 三进院4丈×6丈+4丈×6丈+4丈×6丈	
相近尺寸	4丈×6丈/7丈	4丈×8丈
	3丈×6丈+3丈×6丈	3丈×6丈+3丈×5丈
	5丈×6丈+5丈×6丈	5丈×7丈+5丈×5丈
	6丈×6丈+6丈×6丈	6丈×7丈+6丈×6丈
特殊尺寸	6丈×6丈/7丈 7丈×7丈/9丈	
	4丈×6丈+4丈×6丈	4丈×7丈+4丈×3丈 5丈×6丈+5丈×2丈
	3丈×6丈+3丈×6丈+3丈×2丈	5丈×7丈+5丈×7丈+5丈×7丈
总结	1. 两大驿站院落基本尺度相似，其中最小尺度均为3丈×6丈。前面所提到的三分地的概念再次被验证，可以大胆推测3丈×6丈这一尺度在明代是作为聚落规划的基本单位； 2. 表格中相同尺寸一栏中的数值可作为基本尺度，通过基本尺度作为单元模块组合发展成为聚落，如在相近尺度一栏中，数值只是相近，而不完全一样的原因也有多种，用地的局限及当地的风俗习惯都会产生不同的影响； 3. 鸡鸣驿的院落存在方形一进院的规格，而榆林堡院落都为矩形院落，这与两种院落流线的不同有关：榆林堡院落中是通过过道组织流线，所以在同样规格的院落中，厢房、正房与倒座的间距会比没有过道而是靠穿堂组织流线的鸡鸣驿的院落间距要大，所以在院落形式中存在一定的差异； 4. 两大驿站中的三进院的尺度均不同，鸡鸣驿中三进院以三分地为单位进行纵向发展，榆林堡是以5丈×7丈为基础进行组合；榆林堡的三进院比鸡鸣驿要多，这说明在榆林驿中大户更多，用地更大，由此可见土地政策也是因财力多寡进行分配	

8.2.3 院落串并组合形式对比

道路的划分作为整个聚落首要任务，它不仅影响聚落交通可达性，也同时影响院落的串并关系，两大驿站院落串并的组合方式均受道路划分的影响。道路划分的网格影响院落的固定形式尺度，分述如下。

1. 院落串联组合形式对比

鸡鸣驿道路无论大网格和小网格划分均以3丈倍数为原则，最小的道路网格保持为9丈（图8-12）。结合院落固定组合形式尺度进行院落串联分析（此处串联是指竖向连接，一处院落的正房与另一处院落的倒座相接），当道路纵向间距为9丈时，则此处将使用7丈×9丈的一处院落尺度；当道路间距为12丈时，有两种组合形式，一种为两处3丈×6丈或6丈×6丈的一进院进行串联组合，第二种是利用一处3丈×6丈+3丈×6丈、4丈×6丈+4丈×6丈或5丈×6丈+5丈×6丈进行串联填充道路间距。依次分析，当道路间距为15丈时，将会采取进深为7丈的两处一进院进行串联，形成不满足道路间距新的组合形式；同理当道路间距为18

丈时，采取进深为9丈的两处两进院；间距为21丈时，若在道路尽头可采取三处进深为5丈的一进院和一处进深为6丈的一进院进行串联；若在道路中部则组合方式会因为开门问题发生组合的变化，有一处进深为3丈×6丈+3丈×6丈+3丈×2丈的三进院与进深为7丈的一进院进行串联，形成大跨度的组合方式。串联的情况中保证道路间距是关键，但串联的两处院落建筑单体面宽不一定对等，这样就会形成两排院落的错落，这种情况在鸡鸣驿中较少。

　　榆林堡的道路间距与鸡鸣驿在大网格尺度的固定值虽有差异，但是在道路的小尺度划分中有异曲同工之妙，纵向间距最小尺度为12丈（图8-13）。在院落串联中也存在相同的原理，当纵向间距为12丈时，将有两种组合方式，其中是以3丈×6丈的两处一进院进行并联，另一种是3丈×6丈+3丈×5丈/6丈这种两进院进行组合，也会因为道路的宽窄二进院进行微调；当纵向间距为15丈时，可使用5丈×7丈与4丈×8丈的一进院进行串联，这种情况下两进院落的面宽不同，就会造成两排串联的院落有错落；同样可以使用一处5丈×6丈+5丈×2丈两进院和5丈×7丈的一进院进行串联；当纵向间距为21丈，在路尽头，则会使用三处5丈×7丈的一进院进行并联，若在中段则会采用一处4丈×8丈和一处6丈×7丈+6丈×6丈、一处3丈×6丈+3丈×5丈和一处4丈×7丈+4丈×3丈或一处5丈×6丈+5丈×2丈和一处6丈×7丈+6丈×6丈两进院进行串联，一处5丈×7丈+5丈×7丈+5丈×7丈的三进院也可以满足21丈的道路纵向间距。此现象解释了在第三章3.4.2中所存在的院落与院落的组合方式。

　　鸡鸣驿与榆林堡中的组合串联原则相同，原则如下。

　　A根据道路纵向间距确定院落尺度的组合形式；

　　B串联两院落之间面宽可不一致，面宽若一致，两片区域的后墙基本为对齐相接，则片区将会形成整齐的网格；

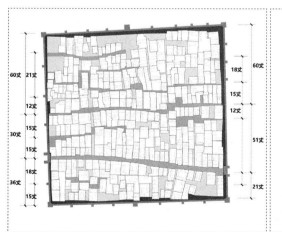

图8-12　鸡鸣驿道路纵向小网格划分
（资料来源：作者绘制）

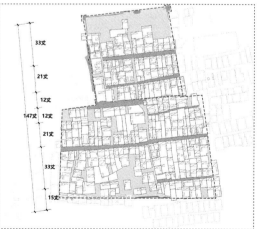

图8-13　榆林堡道路纵向小网格划分
（资料来源：作者绘制）

C道路尽端可采取三处院落相接的形式，端头采用多户，中部采用两户可以节约道路空间；

D若道路纵向间距较大，会在大间距内局部形成小间距，实现该区域的多户串联，但小路使该区域的利用率偏低。

E以上都是属于理想状态下，实际情况下会根据地形和道路的因素稍作变动。

2. 院落并联组合形式对比

院落的并联与串联的组合形式不同，并不是完全受限于道路之间的间距，院落的跨度取决于住户财力的多寡，且道路的横向间距过大，运用串联的方式进行归纳较为困难。因此并联的院落组合形式只能根据两个聚落的实际情况进行分析。

鸡鸣驿以A-2区院落为例，这个区域多为一进院，尺度为3丈×5丈/6丈/7丈、4丈×6丈/7丈和5丈×5丈。该区域的道路横向间距为42丈，以30～38号为研究对象，其中有8户院落面宽为4丈、2户面宽为5丈，则填充了42丈的道路间距，而39～46户没有30～38号这么规整，利用几户跨院构成了整个区域（图8-14）。

如榆林堡院落A区院落被单一道路划分，则该区域中并联是主要的组合类型。一进院的形式较少，多为二进院为5丈×7丈+5丈×5丈和3丈×6丈+3丈×5丈。在A区道路横向间距分别为9丈、24丈和36丈，因为这两种组合并不是3的倍数，所以该区域的跨院将会调节这一差值。其他区域也会存在几种固定的尺度作为并联的组合类型，但因道路的横向间距不同，每个区域均会存在差别（图8-15）。

院的并联没有串联的尺度规律明显，虽有道路和院落基本形制的限制，但在实际运作

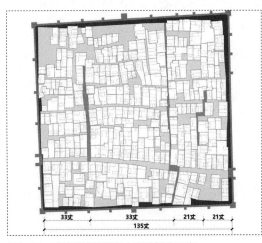

图8-14　鸡鸣驿道路横向小网格划分尺度
（资料来源：作者绘制）

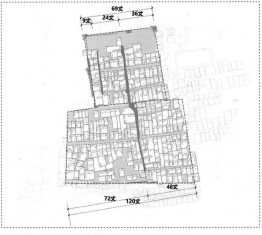

图8-15　榆林驿道路横向小网格划分尺度
（资料来源：作者绘制）

中还会存在很多变数。通常只是根据道路的尺度大概规划可以做几户3丈、4丈、5丈、6丈或者7丈的院落，进而根据财力的多寡进行分地。每一区域会有一个固定的尺度，但只能作为标准，以便规划。

8.2.4 研究鸡鸣驿对榆林堡驿站的助益

鸡鸣驿作为一个纯粹的驿站，具有更详尽的功能体系和更完备的布局原则，所以在对研究榆林堡驿站有以下助益：

1. 研究鸡鸣驿对榆林堡驿站的修缮有参考价值，榆林堡驿站的现有调研情况和历史记载对原有道路和功能部分有所欠缺，根据与鸡鸣驿的对比，对榆林堡驿站是否存在外环道路和所需功能需要进一步探究。

2. 因榆林堡驿站没有进行大规模保护，而鸡鸣驿相反则经过恢复修缮，在网格布局中存在规律的真实性，经过与之对比可知榆林堡后期虽被加建或被改建，但并没有影响原有聚落网格的规划。

3. 两大驿站的对比，可看出道路划分和院落类型中存在些许差异，但这两方面却遵循相同的布局原则，对其他驿站聚落的研究提供了有力依据。

小结

本章首先是对鸡鸣驿聚落空间的基本形制进行概述，针对相关功能及道路关系进行描述，提供与榆林堡进行类比的基础资料，并进行初步对比；然后是对院落空间形式、院落空间固定尺度以及院落的串并关系进行对比。

两大驿站聚落空间的对比研究发现如下：

A两大驿站的街道布局理念并不相同。

B两大驿站的功能布局理念亦不相同。

C两大驿站的道路模数相似。

两大驿站院落空间的对比研究如下：

A院落的基本类型和空间关系基本相似。

B两大驿站院落基本尺度相似。

C院落的串并形式相同。

第9章　启示

京冀驿站作为特定文化结构下的传统聚落，其形成与发展凝聚了无数匠人的智慧和历史文化底蕴。驿站作为官式建筑的组成部分，其规划布局是整个村堡的关键。驿站的特殊功能如驿站的组成部分及辅助单元形成特有的道路系统及布局形制，院落则会受文化传统风俗和功能分配等因素的影响形成独特的流线及功能布局。因此院落不是简单的叠加，而是受其自身因素影响。村堡亦不是院落的简单串并，而是村堡层次上自身因素影响的结果，这套完整的驿站聚落物质环境是通过古人的智慧不断演变而成。

9.1　院落模数中的智慧

榆林堡和鸡鸣驿村落均属于规则聚落的范畴，在前8章的叙述中得知一般驿站聚落存在的规划方法。经过京冀同驿传路线驿站的横向类比，寻求不规则驿站聚落形成的根源。

在第3章中分析了榆林堡民居院落基本的组合要素——建筑单体（如正房、厢房和倒座），其在宅基地中组合形成封闭院落；且聚落是由若干基本院落串联或者并联组合而成，因此形成了建筑单体→院落空间→聚落空间的影响顺序，则模数关系的相互影响也将成此序。

在本书研究过程中发现正房三开间为最小的院落单位，每一开间的尺寸为9尺×15尺，约为现在3000毫米×5000毫米，三开间的整体尺度正好满足人们最基本生活起居的需求。根据已有资料显示院落固定组合的最小尺度为3丈×6丈（明清量地所用的工具为丈杆，经实地调研也得到证实），在榆林堡院落统计数据中最小尺度也满足此数据，这一尺度在明清时期的分地准则中为三分地。

在第8章中榆林堡村落一进院的形式有三种3丈×6丈、4丈×8丈和5丈×6丈，约为明清时期三分地和五分地。二进院及跨院的尺度皆为这两种形式的倍数关系。三分地和五分地的大小是能够满足人们最小居住要求的尺度，所以人们根据自身财力均以三分地和五分地为基数购买宅基，然后选址盖房，并形成基本院落模数的倍数关系。

这种规划方法不仅将分地化繁为简，同时在整体规划中呈现章法，提高效率。院落模数的智慧就在于满足人们基本需求的同时，根据自己的能力按照基本模数进行扩展，不仅能满足居住单元的要求，也可彰显自身规模与等级，这种营造智慧是无数匠人们经过多次实践总结沉淀而来。

9.2 街巷规划中的智慧

街巷规划在整个聚落中是重中之重，道路网格划分在第8章中已经详细统计，得出榆林堡和鸡鸣驿道路的大小网格划分均为3的倍数且道路的大网格划分有固定的数值，其中榆林堡为33丈，鸡鸣驿为60丈。用地使用固定数据进行路网划分，使聚落形成组团，继而进行院落的排布。

通过对组团数据进行分析，发现道路划分以3丈×6丈作为基础网格，可以推测榆林堡和鸡鸣驿村落中道路是根据上一小节的分地准则进行最初的规划，政府逐渐以3丈×6丈的倍数进行分地或者卖地，再形成片区。

街道布置与院落模数网格的不谋而合，体现了京冀驿站在道路与房屋之间的模数关系，或许道路最初兴建时是在建房子的过程中预留而成，但模数关系是因分地原则而产生，这样划分的道路形成独有的3丈倍数的规律。

以榆林驿的南北城为例，南城景泰五年筑城，北城正统己巳年修筑。以此推测北城的修建要早于南城，在规划过程中北城的道路划分和院落布局较南城布局来说更为规矩，而南城因为吸取北城的规划经验而形成规则的道路和院落网格。

道路规划的智慧在于院落空间模数指导道路网格形式的初步形成，道路网格的规划反之影响院落空间排布。规划设计中道路作为最先规划的要素，只有空间模数的制定才能形成规则的组团。也正是这一设计要点，可以推测榆林堡聚落是事先规划而成的，这与驿站的功能和地理位置有关。

9.3 院落串并中的智慧

结合前两小节的内容对院落的串并进行分析，院落的串并受道路间距及院落基本形式的影响，京冀驿站聚落经统一规划、统一建设，因此院落串并主要受道路间距的影响。

第3章院落空间的并联存在相应的规律，道路的纵向间距可以确定院落的串联形式，但因道路的平直度有所不同，会稍有出入；串联两院落的面宽若保持一致整个片区将形成整齐的网格，但因实际建造过程和建造时间早晚的不同多不一致，大都根据院落基本形式进行组合，填充道路划分的片区；为了增加整个区域的利用率且保证整个区域院落形式的多样性，一般会在道路的尽端进行多样的院落串联，这样既可以增加户数，还可以节约在整个片区形成入户道路的空间。若道路纵向间距在一定程度上偏大时，将会在局部形成小间距，实现该区域的多户串联，但小路也使该区域的利用率偏低。榆林堡多采用端头多户的营造手法，局部也出现了串联两处院落而形成个别入户道路的形式。

院落并联的规律没有串联的规律关系明显，但是根据对京冀驿站每片区的统计，发现几种基本尺度的院落会在片区内进行并联，若片区局部有偏差，可通过跨院调整消除片区差值，形成整齐的组团。

院落串并的智慧在于运用规划原则进行合理的分配院落类型，有效地形成优化空间，提高整片区域的使用率。

9.4　建筑单体中的智慧

建筑单体可以说是由预制装配件组成，所有的木构架都经过木料的选择与加工，加之筑墙和窗户。榆林堡民居形成一套完整的装配体系。下面将从木构架特点、墙体特点及门窗构件特点来总结建筑单体中的智慧。

9.4.1　木构架

榆林堡民居中建筑单体的形制基本相似，正房、厢房和倒座的建筑材料相差不大，各部分构件的最小尺寸保持一致，根据自己个人需求可酌情增加，木构架各部分尺寸见表9-1。

榆林堡木构架最小尺寸　　　　　　　　　　　　　　表9-1

构件总称	柱			柁		檩
构件名称	檐柱	金瓜柱	脊瓜柱	大柁	二道柁	
构件尺寸	4寸	3寸/4寸	3寸	1尺1/1尺2	1尺	3/4/5寸

通过对相关数据研究发现榆林堡民居中柱子的直径较小，整个上架的重量偏大。这种做法有以下优点：首先，整体的木料使用偏少，能达到同样的效果，也同时证明榆林堡民居规模并不大；其次，尺寸小的木料易于加工，便于堆放；最后，整个建筑单体因为木料小会显得建筑整体较为轻盈，视觉感觉更易接受。同时，木构件尺寸小也存在缺点，柱子直径小会影响整个构架的稳定性，所以需要其他建筑结构辅助承重。

榆林堡民居选择木料时并不一定像京城内的四合院，对材料过度追求平直。而是根据木料自然生长的特点来选择适合该部分的材料，因此这些材料只要通过粗加工便可使用，如柁的选择，需要采用中间有弯曲的木料；露在外面的柱子要保证相对美观，需选直木料，藏在墙里的只要满足承重作用即可，不必追求美观，因此无需对木料外观有更多追求。木构架也会在不影响房屋整体稳定性的情况下加减构件。以上这些做法既可以提高施工效率，同时也可以节省开支。

9.4.2　墙体

榆林堡民居中墙体的地位不可小觑，因木构架的柱子小柁大的特点，墙体也同样被用来承重，使整个构架更加稳定。其中山墙主要配合山墙构架承担檩及屋顶的重量，前墙和后墙通过砌筑的方式来稳定柱子。

腰墙分为土坯墙和木格栅两种，土坯墙主要是通过自身厚度的承重来增加构架的稳定性，同时起到基本的隔声与保温的作用。而木格栅是通过自身的构件来加固木构架，同时满足解放室内空间及美化室内空间的作用。

9.4.3　门窗构件

门窗作为简单的构件在研究过程一般是从其美感入手，往往忽略形成美感的真正原因，在本书中探究了门窗形成美感的真正原因。

门窗在起到遮蔽、保暖和采光作用的同时也起到了美化建筑的作用，是彰显实力的一大要素。门窗之美体现在比例关系和分隔方式中，在第7章中深入研究了门窗大尺寸到门窗小尺寸的模数关系。

前墙（槛墙）窗高度和夹门的高度均取决于前墙（槛墙）的高度，前墙（槛墙）高度→门高度→前墙（槛墙）窗高度，公式为前墙（槛墙）窗高=门高-前墙（槛墙）高。通过门的四六分之说可以通过一定的前墙（槛墙）高度，推测门的高度，从而最终得到前墙（槛墙）窗的高度，而窗的横向尺寸则受开间的影响。

门窗本身不仅在宽度和高度的尺度上存在固定关系，在分隔中也存在某种模数关系，如支摘窗的棂间空当与棂条宽度有固定的比例关系。通过分析比例关系，可以计算几种榆林堡常用窗户类型的尺寸关系，从而确定组合类型，同时验证门窗的开间尺度。

建筑单体的营造智慧包罗万象，本书只涉及了其中一小部分。榆林堡民居的营造做法在传统北京民居的基础上进一步改进，形成适合当地民情、文化以及风俗的新形式。通过分析建筑单体的营造做法，期盼其在日后修缮与修复民居时提供指导。

小结

本章是笔者通过对现有的测绘数据、收集的资料进行大胆推测，对京冀驿站传统聚落营造体系进行尝试性的探索。

首先是从村堡规划角度入手，确定模数的规划方式，提出基本模数的概念，并且运用模数概念对现存驿站聚落进行对比，总结相应的异同点与优缺点。

其次以由大到小的顺序阐述榆林堡聚落、院落及单体三者之间的关系，充分揭示模数在规划过程中是重要标准。

　　最后通过分析榆林堡建筑单体的营造做法，对建筑木构架形式、节点的构造、墙体、屋顶及门窗进行剖析和总结，期待为今后修复榆林驿及传承驿站聚落文化提供基础资料。

　　中国驿站传统聚落在当今发展和变革的过程中已然消失，它所包含的历史信息及意义也随之消逝。本书对于京冀驿站传统聚落营造作法的相关研究，还需进一步深入研究。希望通过本文抛砖引玉，使这种传统聚落借冬奥之风得到重视。

总　结

本书以北京延庆榆林堡驿站堡寨传统聚落空间和河北怀来鸡鸣驿的营造体系作为研究对象，从驿站和长城戍边堡寨两大功能入手，对榆林堡聚落空间、院落空间和建筑单体空间等方面进行分析研究，以接近真实再现的研究手法进行验证，并初步探讨了院落及门窗构件等模块与模数。并通过与鸡鸣驿的横向对比，形成完整的驿站体系。

在榆林堡聚落空间中主要对现存部分进行记录，对遗失部分进行推测，以形成完整的驿站体系；在院落空间中通过总结榆林堡院落的形式，推测院落的演变过程和组合方式；在建筑单体空间中以接近真实的研究对木构架搭建、各部分节点进行拆解分析，并对墙体和屋顶特点进行总结，形成榆林堡驿站的完整营造体系。

总结研究对象的营造特点，得出以下结论：

1. 榆林堡整体营造为统一规划，属于非自然村落的范畴，通过不同类型的院落基本模块组合形成完整的居住单元；

2. 榆林堡木构架特点，木材采用粗加工，操作工序简单，构件尺寸小易加工，便于搬运与堆放；

3. 作为围护部分的墙体，通过土坯墙和六扇门两种分隔方式，实现划分空间及解放空间的目的，充分利用各部分墙体进行辅助承重；

4. 榆林堡的聚落空间、院落空间和建筑单体空间属于同一体系下的不同范畴，三者通过相互影响形成完整的营造体系和规划原则；

5. 榆林堡既属于堡寨聚落又属于驿站聚落，但在聚落布局中主要受堡寨规划模数与模块的指导，功能分布则深受驿站功能的影响，因此与鸡鸣驿在规划和功能上的不同。

本书的研究成果如下：

1. 驿站作为主要研究对象的论文及著作较少，所以本书从规划→布局→院落→建筑单体→构件等部分进行全方位分析研究，致力于初步搭建京冀驿站堡聚落空间营造体系；

2. 其中对榆林堡木构架进行深入研究，运用接近真实再现手法总结了木构架的具体做法；从构架安装搭建，构件形式、节点做法等方面对这一村落经典民居的木构架营造做法进行了全面而详细的阐述，为这一村落中木构架的营造和应用提供了有力参考；

3. 通过对京冀驿站模数及模块概念的提出，运用数据化的方式对传统驿站堡寨聚落空间的整体——局部——细部进行阐释；试图形成聚落空间、院落空间和建筑单体空间的完整模数体系，梳理三者的模数关系。

本书建立在大量实际调研测绘的基础上，对榆林堡驿站聚落空间营造体系进行全面研究，对鸡鸣驿进行概述及类比。但因内容囊括的范围较广，仍有些方面存在针对性不够和研究不足等问题，敬请各位读者予以谅解和提出指正意见。同时希望本书的研究成果可以为后续研究同类驿站聚落空间营造提供帮助和指导。

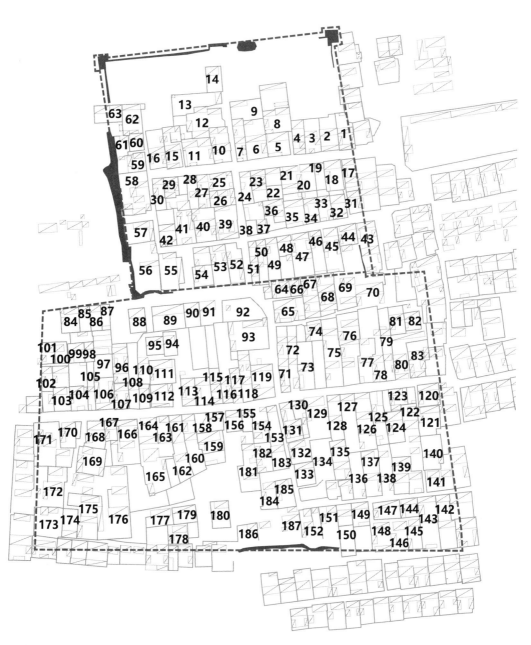

榆林堡院落编号

明代尺寸核算

房屋区域	编号	一进院 长 米	丈	一进院 宽 米	丈	二进院 长 米	丈	二进院 宽 米	丈	三进院 长 米	丈	三进院 宽 米	丈	总和 长 米	丈	总和 宽 米	丈	组合形式	备注
北城 A	1	23.1	7	16.5	5	16.5	5	16.5	5					39.6	12	16.5	5	5×7+5×5	五开间
	2	23.1	7	16.5	5	16.5	5	16.5	5					39.6	12	16.5	5	5×7+5×5	五开间
	3	23.1	7	16.5	5	16.5	5	16.5	5					39.6	12	16.5	5	3×6+3×5	五开间
	4	19.8	6	9.9	3	16.5	5	9.9	3					36.3	11	9.9	3	3×6+3×5	四开间
	5	23.1	7	23.1	7									23.1	7	23.1	7	7×7	四开间+三开间 宽度为跨院院3+3
	6	23.1	7	19.8	6	16.5	5	19.8	6					39.6	12	19.8	6	3×6+3×5	三开间+三开间 宽度为跨院院3+3
	7	19.8	6	9.9	3	16.5	5	9.9	3					36.3	11	9.9	3	3×6+3×5	三开间
	8	23.1	7	23.1	7	26.4	8	23.1	7					49.5	15	23.1	7	7×7+7×8	四开间+三开间 宽度为跨院院3+3
	9	19.8	6	29.7	9									19.8	6	29.7	9	9×6	四开间+四开间 宽度为跨院院5+5
	10	23.1	7	16.5	5	16.5	5	16.5	5					39.6	12	16.5	5	5×7+5×5	四开间
	11	26.4	8	29.7	9									26.4	8	29.7	9	9×8	四开间+四开间 宽度为跨院院5+5
	12	19.8	6	39.6	12									19.8	6	39.6	12	12×6	宽度为跨院院18+22
	13	23.1	7	49.5	15									23.1	7	49.5	15	15×7	四开间+四开间+五开间 宽度为跨院院5+5+6
B-1	14	23.1	7	16.5	5									23.1	7	16.5	5	5×7	五开间
	15	23.1	7	16.5	5	16.5	5	16.5	5					39.6	12	16.5	5	5×7+5×5	五开间
	16	23.1	7	16.5	5	16.5	5	16.5	5					39.6	12	16.5	5	5×7+5×5	五开间
	17	19.8	6	16.5	5	9.9	3	16.5	5					29.7	9	16.5	5	3×6+3×5	五开间
	18	29.7	9	16.5	5									29.7	9	16.5	5	5×9	四开间 长度为一进院和后院的长度7+2
	19	29.7	9	16.5	5									29.7	9	16.5	5	5×9	四开间 长度为一进院和后院的长度7+2
	20	29.7	9	16.5	5									29.7	9	16.5	5	5×9	四开间
	21	19.8	6	16.5	5	6.6	2	16.5	5					26.4	8	16.5	5	5×6+2×5	五开间
	22	19.8	6	16.5	5	13.2	4	16.5	5					33	10	16.5	5	5×6+4×5	四开间
	23	19.8	6	9.9	3	13.2	4	16.5	5					33	10	16.5	5	5×6+5×4	三开间
	24	19.8	6	26.4	8	16.5	5	9.9	3					36.3	11	26.4	8	3×6+3×5	四开间+三开间 宽度为跨院院5+3
	25	19.8	6	26.4	8									19.8	6	26.4	8	8×6	四开间+三开间 宽度为跨院院5+3
	26	19.8	6	26.4	8									19.8	6	26.4	8	8×6	四开间+三开间 宽度为跨院院5+3
	27	19.8	6	9.9	3	13.2	4	9.9	3					33	10	9.9	3	3×6+3×4	三开间
	28	19.8	6	9.9	3	13.2	4	9.9	3					33	10	9.9	3	3×6+3×4	三开间
	29	19.8	6	16.5	5	13.2	4	16.5	5					33	10	16.5	5	3×6+3×4	四开间
	30	19.8	6	9.9	3	13.2	4	9.9	3					33	10	9.9	3	3×6+3×4	三开间

续表

明代尺寸核算

房屋区域编号	编号	一进院 长	一进院 宽	二进院 长	二进院 宽	三进院 长	三进院 宽	总和 长	总和 宽	组合形式	备注
B-2	31	6 / 19.8	5 / 16.5					6 / 19.8	5 / 16.5	5×6	四开间
	32	7 / 23.1	5 / 16.5	1 / 3.3	5 / 16.5			8 / 26.4	5 / 16.5	5×7+5×1	三开间
	33	6 / 19.8	5 / 16.5	2 / 6.6	5 / 16.5			8 / 26.4	5 / 16.5	5×6+5×2	四开间
	34	7 / 23.1	5 / 16.5	2 / 6.6	5 / 16.5			9 / 29.7	5 / 16.5	5×7+5×2	三开间
	35	7 / 23.1	5 / 16.5	2 / 6.6	5 / 16.5			9 / 29.7	5 / 16.5	5×7+5×2	五开间
	36	9 / 29.7	6 / 19.8					9 / 29.7	6 / 19.8	6×9	五开间 长度为一进院和后院的长度6+3
	37	5 / 16.5	3 / 9.9	6 / 19.8	3 / 9.9			11 / 36.3	3 / 9.9	3×5+3×6	三开间
	38	5 / 16.5	3 / 9.9	6 / 19.8	3 / 9.9			11 / 36.3	3 / 9.9	3×5+3×6	三开间
	39	10 / 33	7 / 23.1					10 / 33	7 / 23.1	7×10	五开间
	40	7 / 23.1	5 / 16.5	3 / 9.9	5 / 16.5			10 / 33	5 / 16.5	5×7+5×3	三开间 宽度为跨院3+3
	41	10 / 33	6 / 19.8					10 / 33	6 / 19.8	6×10	三开间 宽度为跨院3+3
	42	7 / 23.1	5 / 16.5	5 / 16.5	5 / 16.5			12 / 39.6	5 / 16.5	5×7+5×5	五开间
	43	7 / 23.1	6 / 19.8	6 / 19.8	6 / 19.8			13 / 42.9	6 / 19.8	6×7+6×6	三开间 宽度为跨院3+3
	44	8 / 26.4	6 / 19.8	6 / 19.8	6 / 19.8			14 / 46.2	6 / 19.8	6×8+6×6	三开间 宽度为跨院3+3
	45	12 / 39.6	5 / 16.5					12 / 39.6	5 / 16.5	5×12	长度为一进院和后院的长度7+5
	46	12 / 39.6	3 / 9.9					12 / 39.6	3 / 9.9	3×12	五开间 长度为一进院和后院的长度7+5
北城 C-1	47	7 / 23.1	6 / 19.8	5 / 16.5	6 / 19.8			12 / 39.6	6 / 19.8	6×7+6×5	五开间
	48	6 / 19.8	5 / 16.5	7 / 23.1	5 / 16.5			13 / 42.9	5 / 16.5	5×6+5×7	四开间
	49	6 / 19.8	3 / 9.9	7 / 23.1	3 / 9.9			13 / 42.9	3 / 9.9	3×6+3×7	四开间
	50	5 / 16.5	3 / 9.9	6 / 19.8	3 / 9.9	3 / 9.9	3 / 9.9	14 / 46.2	3 / 9.9	3×5+3×6	三开间
	51	6 / 19.8	3 / 9.9	4 / 13.2	3 / 9.9	3 / 9.9	3 / 9.9	13 / 42.9	3 / 9.9	3×6+3×4	三开间
	52	7 / 23.1	5 / 16.5	7 / 23.1	5 / 16.5			14 / 46.2	5 / 16.5	5×7+5×7	五开间
	53	6 / 19.8	5 / 16.5	6 / 19.8	5 / 16.5			12 / 39.6	5 / 16.5	5×6+5×6	四开间
	54	6 / 19.8	5 / 16.5	6 / 19.8	5 / 16.5			12 / 39.6	5 / 16.5	5×6+5×6	四开间
	55	12 / 39.6	6 / 19.8					12 / 39.6	6 / 19.8	6×12	五开间
	56	7 / 23.1	7 / 23.1	6 / 19.8	7 / 23.1			13 / 42.9	7 / 23.1	7×7+7×6	三开间+四开间 宽度为跨院3+5
C-2	57	9 / 29.7	6 / 19.8					9 / 29.7	6 / 19.8	6×9	东西向
	58	9 / 29.7	12 / 39.6					9 / 29.7	12 / 39.6	12×9	东西向
	59	9 / 29.7	6 / 19.8					9 / 29.7	6 / 19.8	6×9	东西向
	60	5 / 16.5	5 / 16.5					5 / 16.5	5 / 16.5	5×5	东西向
	61	5 / 16.5	5 / 16.5					5 / 16.5	5 / 16.5	5×5	东西向

续表

明代尺寸核算

（城别：南城）

房屋区域编号	编号	一进院 长	一进院 宽	间	二进院 长	二进院 宽	间	三进院 长	三进院 宽	间	总和 长	总和 宽	丈	组合形式	备注
C-2	62	29.7	19.8	6							29.7	19.8	6	6×9	东西向
	63	29.7	16.5	5							29.7	16.5	5	5×9	东西向
	64	17.5	17.5	5							17.5	17.5	5.3	5×5	四开间
D-1	65	21	31.5	9							21	31.5	9.5	9×6	三开间+五开间 宽度为跨院3+6
	66	21	10.5	3							21	10.5	3.2	3×6	三开间
	67	24.5	17.5	5	21	17.5	5				45.5	17.5	5.3	5×7+5×6	五开间
	68	24.5	17.5	5	10.5	17.5	5				35	17.5	5.3	5×7+5×3	五开间
	69	28	21	6							28	21	6.4	6×8	三开间
	70	21	31.5	9	10.5	31.5	9				31.5	31.5	9.5	9×6+9×3	三开间+五开间 宽度为跨院3+6
	71	31.5	10.5	3	21	10.5	3	10.5	10.5	3	63	10.5	3.2	3×9+3×6+3×3	三开间
	72	31.5	10.5	3	21	10.5	3	10.5	10.5	3	63	10.5	3.2	3×9+3×6+3×3	三开间
	73	24.5	14	4	21	14	4				45.5	14	4.2	4×7+4×6	三开间
	74	21	17.5	5							21	17.5	5.3	5×6	四开间
	75	24.5	17.5	5	31.5	17.5	5	10.5	17.5	5	66.5	17.5	5.3	5×7+5×9+5×3	五开间
	76	24.5	17.5	5	21	17.5	5	21	17.5	5	66.5	17.5	5.3	5×7+5×6+5×6	五开间
	77	24.5	17.5	5	17.5	17.5	5				42	17.5	5.3	5×7+5×5	五开间
	78	24.5	17.5	5	24.5	17.5	5	24.5	17.5	5	73.5	17.5	5.3	5×7+5×7+5×7	五开间
	79	28	10.5	3	24.5	10.5	3	21	10.5	3	73.5	10.5	3.2	3×8+3×7+3×6	三开间
	80	24.5	14	4	21	14	4				45.5	14	4.2	4×7+4×6	四开间
	81	21	10.5	3	7	10.5	3				28	10.5	3.2	3×6+3×2	三开间
	82	17.5	17.5	5							17.5	17.5	5.3	5×5	三开间
	83	24.5	17.5	5	10.5	17.5	5				35	17.5	5.3	5×7+5×3	四开间
	84	24.5	17.5	5							24.5	17.5	5.3	5×7	五开间
	85	24.5	10.5	3							24.5	10.5	3.2	3×7	五开间
	86	24.5	10.5	3							24.5	10.5	3.2	3×7	三开间
	87	24.5	10.5	3							24.5	10.5	3.2	3×7	三开间
	88	24.5	17.5	5							24.5	17.5	5.3	5×7	三开间
D-2	89	24.5	31.5	9							24.5	31.5	9.5	9×7	五开间
	90	24.5	17.5	5							24.5	17.5	5.3	5×7	五开间
	91	21	24.5	7							21	24.5	7.4	7×6	五开间 宽度为跨院5+2
	92	21	24.5	7							21	24.5	7.4	7×6	五开间 宽度为跨院5+2
	93	28	38.5	11							28	38.5	11.7	11×8	三开间+五开间 宽度为跨院5+2
	94	24.5	14	4							24.5	14	4.2	4×7	三开间

续表

房屋区域	区域编号	编号	一进院 长	一进院 宽	二进院 长	二进院 宽	三进院 长	三进院 宽	总和 长	总和 宽	组合形式	备注
南城	D-2	95	17.5	5.3					17.5	5.3	5×5	四开间
		96	31.5	14	10.5	14			42	14	4×9+4×3	三开间
		97	24.5	17.5	24.5	17.5			49	17.5	5×7+5×7	五开间
		98	21	3.2					21	3.2	3×6	四开间
		99	21	17.5					21	17.5	5×6	三开间
		100	21	3.2					21	3.2	3×6	三开间
		101	21	3.2					21	3.2	3×6	三开间
		102	21	3.2	24.5	3.2			45.5	3.2	3×6+3×7	五开间
		103	24.5	17.5	21	17.5			45.5	17.5	5×7+5×6	五开间
		104	24.5	17.5	24.5	17.5			49	17.5	5×7+5×7	五开间
		105	21	3.2	24.5	3.2			45.5	3.2	3×6+3×7	五开间
		106	31.5	17.5					31.5	17.5	5×9	三开间
		107	24.5	14					24.5	14	4×7	三开间
		108	21	3.2	38.5	3.2			59.5	3.2	3×6+3×11	三开间
		109	21	3.2	7	3.2			28	3.2	3×6+3×2	三开间
		110	28	3.2					28	3.2	3×8	三开间
		111	24.5	8.5					24.5	8.5	8×7	三开间+五开间 宽度为跨院3+5
		112	24.5	6.4					24.5	6.4	6×7	三开间+三开间 宽度为跨院3+3
		113	28	4.2					28	4.2	4×8	三开间+三开间 宽度为跨院3+3
		114	28	17.5					28	17.5	5×8	五开间
		115	21	3.2	10.5	3.2			31.5	3.2	3×6+3×3	三开间
		116	21	3.2					21	3.2	3×6	三开间
		117	21	3.2	10.5	3.2			31.5	3.2	3×6+3×3	三开间
		118	21	3.2	24.5	3.2	7	3.2	52.5	3.2	3×6+3×7+3×2	三开间
	E-1	119	35	6.4					35	6.4	6×10	三开间
		120	21	6.4					21	6.4	6×6	三开间
		121	28	7.4					28	7.4	7×8	五开间 宽度为跨院5+2
		122	24.5	17.5	14	17.5	10.5	17.5	49	17.5	5×7+5×4+5×3	五开间
		123	21	17.5					21	17.5	5×6	五开间
		124	31.5	17.5					31.5	17.5	5×9	五开间
		125	31.5	14					31.5	14	4×9	三开间
		126	24.5	17.5	17.5	17.5	14	17.5	56	17.5	5×7+5×5+5×4	五开间
		127	28	14	35	14			63	14	4×8+4×10	三开间

明代尺寸核算

续表

明代尺寸核算

房屋区域编号	编号	一进院 长	一进院 宽	二进院 长	二进院 宽	三进院 长	三进院 宽	总和 长	总和 宽	组合形式	备注
南城 E-1	128	24.5 7	14 4	17.5 5	14 4			42 12.7	14 4.2	4×7+4×5	三开间
	129	42 12	24.5 7					42 12.7	24.5 7.4	7×12	五开间 宽度为跨院5+2
	130	17.5 5	14 4					17.5 5.3	14 4.2	4×5	三开间
	131	24.5 7	10.5 3	17.5 5	10.5 3			42 12.7	10.5 3.2	3×7+3×5	三开间 宽度为跨院3+3
	132	21 6	21 6					21 6.4	21 6.4	6×6	三开间 宽度为跨院3+3
	133	21 6	21 6					21 6.4	21 6.4	6×6	三开间 宽度为跨院3+3
	134	24.5 7	21 6	17.5 5	21 6			42 12.7	21 6.4	6×7+6×5	三开间
	135	21 6	21 6	17.5 5	14 4	21 6	14 4	59.5 18.0	14 4.2	4×6+4×5+4×6	三开间
	136	24.5 7	14 4	21 6	14 4			45.5 13.8	14 4.2	4×7+4×6	五开间
	137	24.5 7	17.5 5	24.5 7	17.5 5			49 14.8	17.5 5.3	5×7+5×7	五开间
	138	17.5 5	10.5 3	24.5 7	10.5 3	7 2	10.5 3	49 14.8	10.5 3.2	3×5+3×7+3×2	三开间 宽度为跨院3+3
	139	21 6	14 4	17.5 5	14 4			38.5 11.7	14 4.2	4×6+4×5	三开间
	140	17.5 5	21 6	14 4	21 6			31.5 9.5	21 6.4	6×5+6×4	三开间+三开间 宽度为跨院3+3
	141	21 6	28 8					21 6.4	28 8.5	8×6	三开间+五开间 宽度为跨院3+5
	142	35 10	14 4	21 6	14 4			56 17.0	14 4.2	4×10+4×6	三开间 宽度为跨院3+5
	143	24.5 7	17.5 5	24.5 7	17.5 5			49 14.8	17.5 5.3	5×7+5×7	五开间
	144	17.5 5	17.5 5					17.5 5.3	17.5 5.3	5×5	四开间
	145	28 8	14 4					28 8.5	14 4.2	4×8	三开间
	146	28 8	17.5 5					28 8.5	17.5 5.3	5×8	五开间
	147	17.5 5	28 8					17.5 5.3	28 8.5	8×5	三开间+五开间 宽度为跨院3+5
	148	28 8	21 6					28 8.5	21 6.4	6×8	三开间+三开间 宽度为跨院3+3
	149	24.5 7	17.5 5	24.5 7	17.5 5			49 14.8	17.5 5.3	5×7+5×7	五开间
	150	21 6	14 4	31.5 9	14 4			52.5 15.9	14 4.2	4×6+4×9	五开间
	151	31.5 9	17.5 5					31.5 9.5	17.5 5.3	5×9	五开间
	152	28 8	21 6					28 8.5	21 6.4	6×8	五开间
E-2	153	35 10	10.5 3					35 10.6	10.5 3.2	3×10	三开间
	154	24.5 7	14 4	10.5 3	14 4			35 10.6	14 4.2	4×7+4×3	三开间
	155	21 6	10.5 3					21 6.4	10.5 3.2	3×6	三开间
	156	21 6	17.5 5					21 6.4	17.5 5.3	5×6	四开间
	157	17.5 5	14 4					17.5 5.3	14 4.2	4×5	三开间
	158	21 6	14 4					21 6.4	14 4.2	4×6	三开间
	159	24.5 7	24.5 7	7 2	24.5 7			31.5 9.5	24.5 7.4	7×6+7×3	五开间 宽度为跨院5+2
	160	24.5 7	14 4	35 10	14 4			59.5 18.0	14 4.2	4×7+4×10	三开间

续表

明代尺寸核算

注：一进院、二进院、三进院及总和的「长」「宽」两列中，较大数字为尺寸（尺），下方较小数字于各进院为间数、于总和为折算值（米）。

房屋区域编号	编号	一进院 长	一进院 宽	二进院 长	二进院 宽	三进院 长	三进院 宽	总和 长	总和 宽	组合形式	备注
南城 E-2	161	24.5 / 7	14 / 4	21 / 6	14 / 4			45.5 / 13.8	14 / 4.2	4×7+4×6	三开间
	162	24.5 / 7	14 / 4					24.5 / 7.4	14 / 4.2	4×7	三开间
	163	24.5 / 7	14 / 4	14 / 4	14 / 4			38.5 / 11.7	14 / 4.2	4×7+4×4	三开间
	164	24.5 / 7	17.5 / 5	17.5 / 5	17.5 / 5			42 / 12.7	17.5 / 5.3	5×7+5×5	五开间
	165	45.5 / 13	24.5 / 7					45.5 / 13.8	24.5 / 7.4	7×13	五开间 宽度为跨院5+2
	166	28 / 8	21 / 6	16 / 4.6	21 / 6			44 / 13.3	21 / 6.4	6×8+6×16	三开间+三开间 宽度为3+3
	167	21 / 6	10.5 / 3					21 / 6.4	10.5 / 3.2	3×6	三开间
	168	28 / 8	28 / 8					28 / 8.5	28 / 8.5	8×8	三开间+五开间 宽度为跨院3+5
	169	28 / 8	28 / 8					28 / 8.5	28 / 8.5	8×8	三开间+五开间 宽度为跨院3+5
	170	24.5 / 7	17.5 / 5	17.5 / 5	17.5 / 5			42 / 12.7	17.5 / 5.3	5×7+5×5	五开间
	171	24.5 / 7	21 / 6	17.5 / 5	21 / 6			42 / 12.7	21 / 6.4	6×7+6×5	三开间+三开间 宽度为3+3
	172	24.5 / 7	31.5 / 9	17.5 / 5	31.5 / 9			42 / 12.7	31.5 / 9.5	9×7+9×5	三开间+五开间 宽度为跨院3+6
	173	31.5 / 9	28 / 8	10.5 / 3	28 / 8			42 / 12.7	28 / 8.5	8×9+8×3	三开间+五开间 宽度为跨院3+5
	174	28 / 8	14 / 4					28 / 8.5	14 / 4.2	4×8	三开间
	175	24.5 / 7	17.5 / 5	17.5 / 5	17.5 / 5			42 / 12.7	17.5 / 5.3	5×7+5×5	五开间
	176	21 / 6	21 / 6	21 / 6	21 / 6			42 / 12.7	21 / 6.4	6×6+6×6	三开间+三开间 宽度为3+3
	177	17.5 / 5	28 / 8					17.5 / 5.3	28 / 8.5	8×5	三开间+五开间 宽度为跨院3+5
	178	21 / 6	21 / 6					21 / 6.4	21 / 6.4	6×6	三开间+三开间 宽度为3+3
	179	17.5 / 5	24.5 / 7					17.5 / 5.3	24.5 / 7.4	7×5	五开间 宽度为跨院5+2
	180	28 / 8	17.5 / 5					28 / 8.5	17.5 / 5.3	5×8	五开间
	181	17.5 / 5	14 / 4	14 / 4	14 / 4	10.5 / 3	14 / 4	42 / 12.7	14 / 4.2	4×5+4×4+4×3	三开间
	182	28 / 8	17.5 / 5					28 / 8.5	17.5 / 5.3	5×8	五开间
	183	24.5 / 7	14 / 4					24.5 / 7.4	14 / 4.2	4×7	三开间
	184	28 / 8	14 / 4					28 / 8.5	14 / 4.2	4×8	三开间
	185	28 / 8	17.5 / 5					28 / 8.5	17.5 / 5.3	5×8	五开间
	186	17.5 / 5	21 / 6					17.5 / 5.3	21 / 6.4	6×5	三开间+三开间 宽度为3+3
	187	24.5 / 7	17.5 / 5					24.5 / 7.4	17.5 / 5.3	5*7	五开间

清代尺寸核算

城	房屋区域编号	编号	一进院 长	一进院 宽	二进院 长	二进院 宽	三进院 长	三进院 宽	总和 长	总和 宽
北城	A	1	22 6	16 5	15 4	16 5			37	16
		2	22 6	18 5	14 4	18 5			36	18
		3	22 6	16 5	12 3	16 5			34	16
		4	19 5	12 3	15 4	12 3			34	12
		5	23 7	23 7	0	0			23	23
		6	24 7	22 6	17 5	22 6			41	22
		7	24 7	11 3	18 5	11 3			42	11
		8	23 7	27 8	26 7	27 8			49	27
		9	18 5	32 9	0	0			18	32
		10	19 5	18 5	16 5	18 5			35	18
		11	27 8	30 9	0	0			27	30
		12	18 5	40 11	0	0			18	40
		13	21 6	51 15	0	0			21	51
		14	25 7	16 5	0	0			25	16
		15	23 7	16 5	18 5	16 5			41	16
		16	21 6	17 5	18 5	17 5			39	17
	B-1	17	24 7	13 4	9 3	13 4			33	13
		18	30 9	17 5	0	0			30	17
		19	27 8	10 3	0	0			27	10
		20	27 8	13 4	0	0			27	13
		21	22 6	20 6	6 2	20 6			28	20
		22	17 5	15 4	14 4	15 4			31	15
		23	20 6	15 4	12 3	15 4			32	15
		24	17 5	11 3	15 4	11 3			32	11
		25	12 3	24 7	0	0			12	24
		26	16 5	24 7	0	0			16	24
		27	20 6	11 3	13 4	11 3			33	11
		28	21 6	11 3	12 3	11 3			33	11
		29	20 6	15 4	11 3	5 1			31	15
		30	20 6	12 3	12 3	12 3			32	12
	B-2	31	22 6	13 4	0	0			22	13
		32	24 7	14 4	4 1	14 4			28	14
		33	25 7	13 4	7 2	13 4			32	13
		34	25 7	14 4	7 2	14 4			32	14

续表

清代尺寸核算

地区	房屋区域编号	编号	一进院 长		宽		二进院 长		宽		三进院 长		宽		总和 长	宽
北城	B-2	35	27	8	20	6	7	2	20	6					34	20
		36	30	9	20	6									30	20
		37	14	4	13	4	17	5	13	4					31	13
		38	15	4	10	3	16	5	10	3					31	10
		39	33	9	23	7									33	23
		40	22	6	21	6	11	3	21	6					33	21
		41	34	10	20	6									34	20
		42	22	6	17	5	15	4	17	5					37	17
		43	32	9	20	6	20	6	20	6					52	20
		44	27	8	20	6	20	6	20	6					47	20
		45	43	12	17	5									43	17
		46	43	12	12	4									43	12
	C-1	47	26	7	18	5	17	5	10	3					43	18
		48	20	6	14	4	22	6	14	4					42	14
		49	20	6	12	4	23	7	10	3					43	12
		50	15	4	10	3	12	3	16	5	17	4.9	10	2.9	44	10
		51	21	6	8	2	14	4	16	5	9	2.6	8	2.3	44	8
		52	25	7	16	5	26	7	16	5					51	16
		53	19	5	16	5	22	6	16	5					41	16
		54	18	5	16	5	21	6	16	5					39	16
		55	37	11	18	5									37	18
	C-2	56	25	7	27	8	21	6	27	8					46	27
		57	28	8	20	6									28	20
		58	30	9	42	12									30	42
		59	30	9	20	6									30	20
		60	15	4	17	5									15	17
		61	15	4	17	5									15	17
		62	30	9	20	6									30	20
		63	17	5	15	4	14	4	15	4					31	15

附录2

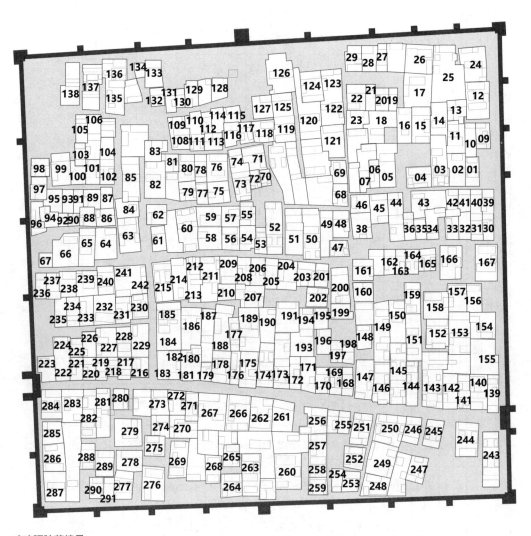

鸡鸣驿院落编号

明代尺寸核算

房屋区域编号	编号	一进院 长 (米)	长 (丈)	宽 (米)	宽 (丈)	二进院 长 (米)	长 (丈)	宽 (米)	宽 (丈)	三进院 长 (米)	长 (丈)	宽 (米)	宽 (丈)	总和 长 (米)	长 (丈)	宽 (米)	宽 (丈)
鸡鸣驿 A	1	28	8.5	13	3.9									28	8.5	13	3.9
	2	31	9.4	18	5.5									31	9.4	18	5.5
	3	17	5.2	17	5.2	19	5.8	17	5.2	13	3.9	17	5.2	49	14.8	17	5.2
	4	19	5.8	23	7.0									19	5.8	23	7.0
	5	32	9.7	16	4.8									32	9.7	16	4.8
	6	27	8.2	9	2.7	21	6.4	9	2.7					42	12.7	9	2.7
	7	21	6.4	9	2.7	32	9.7	10	3.0					60	18.2	9	2.7
	8	28	8.5	10	3.0									28	8.5	10	3.0
	9	24	7.3	14	4.2									24	7.3	14	4.2
	10	32	9.7	10	3.0									32	9.7	10	3.0
	11	31	9.4	18	5.5									31	9.4	18	5.5
	12	35	10.6	22	6.7									35	10.6	22	6.7
	13	19	5.8	19	5.8									19	5.8	19	5.8
	14	30	9.1	18	5.5									30	9.1	18	5.5
	15	34	10.3	18	5.5									34	10.3	18	5.5
	16	33	10.0	18	5.5									33	10.0	18	5.5
	17	31	9.4	18	5.5									31	9.4	18	5.5
	18	31	9.4	16	4.8									31	9.4	16	4.8
	19	22	6.7	9	2.7									22	6.7	9	2.7
	20	22	6.7	13	3.9									22	6.7	13	3.9
	21	25	7.6	9	2.7									25	7.6	9	2.7
	22	25	7.6	18	5.5									25	7.6	18	5.5
	23	17	5.2	22	6.7									17	5.2	22	6.7
	24	19	5.8	21	6.4	14	4.2	21	6.4					33	10.0	21	6.4
	25	26	7.9	31	9.4									26	7.9	31	9.4
	26	27	8.2	26	7.9									27	8.2	26	7.9
	27	27	8.2	11	3.3									27	8.2	11	3.3
	28	25	7.6	15	4.5									25	7.6	15	4.5
	29	24	7.3	14	4.2									24	7.3	14	4.2
	30	25	7.6	11	3.3									25	7.6	11	3.3
	31	25	7.6	12	3.6									25	7.6	12	3.6
	32	26	7.9	12	3.6									26	7.9	12	3.6
	33	29	8.8	13	3.9									29	8.8	13	3.9

续表

明代尺寸核算

房屋区域编号	编号	一进院 长		一进院 宽		二进院 长		二进院 宽		三进院 长		三进院 宽		总和 长		总和 宽	
A	34	30	9.1	12	3.6									30	9.1	12	3.6
	35	20	6.1	11	3.3									20	6.1	11	3.3
	36	26	7.9	11	3.3									26	7.9	11	3.3
	37	24	7.3	14	4.2									24	7.3	14	4.2
	38	25	7.6	18	5.5									25	7.6	18	5.5
	39	23	7.0	13	3.9									23	7.0	13	3.9
	40	23	7.0	11	3.3									23	7.0	11	3.3
	41	22	6.7	11	3.3									22	6.7	11	3.3
	42	19	5.8	10	3.0									19	5.8	10	3.0
	43	26	7.9	13	3.9									26	7.9	13	3.9
	44	21	6.4	15	4.5									21	6.4	15	4.5
	45	28	8.5	18	5.5									28	8.5	18	5.5
	46	17	5.2	18	5.5									17	5.2	18	5.5
	47	15	4.5	20	6.1									15	4.5	20	6.1
	48	25	7.6	15	4.5									25	7.6	15	4.5
	49	25	7.6	12	3.6									25	7.6	12	3.6
B	50	16	4.8	16	4.8	14	4.2	16	4.8	17	5.2	16	4.8	47	14.2	16	4.8
	51	31	9.4	17	5.2	13	3.9	17	5.2					44	13.3	17	5.2
	52	28	8.5	15	4.5	22	6.7	15	4.5					50	15.2	15	4.5
	53	20	6.1	12	3.6									20	6.1	12	3.6
	54	23	7.0	14	4.2									23	7.0	14	4.2
	55	22	6.7	15	4.5									22	6.7	15	4.5
	56	22	6.7	17	5.2									22	6.7	17	5.2
	57	19	5.8	17	5.2									19	5.8	17	5.2
	58	21	6.4	23	7.0									21	6.4	23	7.0
	59	18	5.5	23	7.0									18	5.5	23	7.0
	60	29	8.8	19	5.8	13	3.9	19	5.8					42	12.7	19	5.8
	61	24	7.3	14	4.2									24	7.3	14	4.2
	62	19	5.8	19	5.8									19	5.8	19	5.8
	63	26	7.9	20	6.1									26	7.9	20	6.1
	64	30	9.1	20	6.1									30	9.1	20	6.1
	65	18	5.5	15	4.5	18	5.5	15	4.5					36	10.9	15	4.5
	66	32	9.7	15	4.5									32	9.7	15	4.5

鸡鸣驿

续表

明代尺寸核算

房屋区域编号	编号	一进院 长	一进院 长	一进院 宽	一进院 宽	二进院 长	二进院 长	二进院 宽	二进院 宽	三进院 长	三进院 长	三进院 宽	三进院 宽	总和 长	总和 长	总和 宽	总和 宽
鸡鸣驿 B	67	14	4.2	13	3.9									14	4.2	13	3.9
	68	21	6.4	14	4.2									21	6.4	14	4.2
	69	22	6.7	14	4.2									22	6.7	14	4.2
	70	16	4.8	10	3.0									16	4.8	10	3.0
	71	23	7.0	17	5.2									23	7.0	17	5.2
	72	17	5.2	10	3.0									17	5.2	10	3.0
	73	27	8.2	14	4.2									27	8.2	14	4.2
	74	23	7.0	13	3.9									23	7.0	13	3.9
	75	20	6.1	22	6.7									20	6.1	22	6.7
	76	26	7.9	21	6.4									26	7.9	21	6.4
	77	20	6.1	11	3.3									20	6.1	11	3.3
	78	27	8.2	11	3.3									27	8.2	11	3.3
	79	18	5.5	17	5.2									18	5.5	17	5.2
	80	20	6.1	16	4.8	6	1.7	16	4.8					26	7.9	16	4.8
	81	25	7.6	13	3.9									25	7.6	13	3.9
	82	22	6.7	21	6.4	13	3.7	21	6.4					35	10.6	21	6.4
	83	20	6.1	16	4.8									20	6.1	16	4.8
	84	19	5.8	21	6.4									19	5.8	21	6.4
	85	24	7.3	17	5.2	26	7.4	17	5.2					50	15.2	17	5.2
	86	16	4.8	19	5.8									16	4.8	19	5.8
	87	20	6.1	13	3.9									20	6.1	13	3.9
	88	18	5.5	16	4.8									18	5.5	16	4.8
	89	16	4.8	17	5.2									16	4.8	17	5.2
	90	12	3.6	11	3.3									12	3.6	11	3.3
	91	22	6.7	10	3.0									22	6.7	10	3.0
	92	13	3.9	10	3.0									13	3.9	10	3.0
	93	22	6.7	10	3.0									22	6.7	10	3.0
	94	14	4.2	12	3.6									14	4.2	12	3.6
	95	22	6.7	15	4.5									22	6.7	15	4.5
	96	25	7.6	13	3.9									25	7.6	13	3.9
	97	22	6.7	16	4.8									22	6.7	16	4.8
	98	17	5.2	18	5.5									17	5.2	18	5.5
	99	31	9.4	19	5.8									31	9.4	19	5.8

续表

明代尺寸核算

驿站	房屋区域编号	编号	一进院 长	一进院 宽	二进院 长	二进院 宽	三进院 长	三进院 宽	总和 长	总和 宽
鸡鸣驿	B	100	17	14					5.2	4.2
		101	23	14					7.0	4.2
		102	24	14					7.3	4.2
		103	22	11					6.7	3.3
		104	21	14					6.4	4.2
		105	27	11	24	14			8.2	3.3
		106	24	14	6.9	4.2			14.5	4.2
		107	17	15					5.2	4.5
		108	13	17					3.9	5.2
		109	17	17					5.2	5.2
		110	18	16					5.5	4.8
		111	15	15					4.5	4.5
		112	15	10					4.5	3.0
		113	16	18					4.8	5.5
		114	23	12					7.0	3.6
		115	15	16					4.5	4.8
		116	22	15					6.7	4.5
		117	20	12					6.1	3.6
		118	20	22					6.1	6.7
		119	24	20					7.3	6.1
		120	24	20					7.3	6.1
		121	31	20					9.4	6.1
		122	21	22					6.4	6.7
		123	32	18					9.7	5.5
		124	29	21					8.8	6.4
		125	22	20					6.7	6.1
		126	22	22					6.7	6.7
		127	21	20					6.4	6.1
		128	21	18					6.4	5.5
		129	24	13					7.3	3.9
		130	18	9					5.5	2.7
		131	22	10					6.7	3.0
		132	17	13					5.2	3.9

续表

房屋区域编号	编号	明代尺寸核算												总和			
		一进院				二进院				三进院							
		长		宽		长		宽		长		宽		长		宽	
B	133	7.6	25	18	5.5									7.6	25	18	5.5
	134	4.2	14	10	3.0									4.2	14	10	3.0
	135	7.9	26	19	5.8									7.9	26	19	5.8
	136	5.2	17	25	7.6									5.2	17	25	7.6
	137	5.5	18	16	4.8	4.8	16	16	4.8	2.7	9	16	4.8	13.0	43	16	4.8
	138	7.6	25	13	3.9	4.5	15	13	3.9					12.1	40	13	3.9
	139	4.8	16	11	3.3	5.5	18	11	3.3					10.3	34	11	3.3
	140	5.2	17	16	4.8	4.8	16	16	4.8					10.0	33	16	4.8
	141	5.2	17	13	3.9	4.8	16	13	3.9					10.0	33	13	3.9
	142	7.3	24	14	4.2	3.0	10	14	4.2					10.3	34	14	4.2
	143	6.4	21	20	6.1	6.1	20	20	6.1	3.6	12	20	6.2	16.1	53	20	6.1
	144	6.4	21	11	3.3	4.8	16	11	3.3	1.8	6	11	3.3	13.0	43	11	3.3
	145	7.0	23	16	4.8	7.6	25	16	4.8	3.0	10	16	4.8	17.6	58	16	4.8
	146	5.8	19	16	4.8	6.4	21	16	4.8					12.1	40	16	4.8
	147	5.2	17	14	4.2	6.4	21	16	4.8					11.5	38	14	4.2
C	148	6.7	22	14	4.2									6.7	22	14	4.2
	149	7.9	26	14	4.2	6.1	20	14	4.2	3.1	11	14	4.2	17.3	57	14	4.2
	150	6.1	20	15	4.5	6.1	20	15	4.5					12.1	40	15	4.5
	151	6.1	20	14	4.2	5.8	19	14	4.2	1.7	6	14	4.2	13.6	45	14	4.2
	152	8.5	28	22	6.7									8.5	28	22	6.7
	153	5.8	19	20	6.1	5.8	19	20	6.1					11.5	38	20	6.1
	154	7.3	24	24	7.3									7.3	24	24	7.3
	155	5.8	19	22	6.7									5.8	19	22	6.7
	156	8.2	27	14	4.2									8.2	27	14	4.2
	157	7.9	26	16	4.8									7.9	26	16	4.8
	158	7.9	26	24	7.3									7.9	26	24	7.3
	159	8.5	28	15	4.5									8.5	28	15	4.5
	160	5.2	17	19	5.8									5.2	17	19	5.8
	161	6.1	20	20	6.1									6.1	20	20	6.1
	162	7.3	24	11	3.3									7.3	24	11	3.3
	163	7.0	23	9	2.7									7.0	23	9	2.7
	164	7.0	23	12	3.6									7.0	23	12	3.6
	165	6.4	21	16	4.8									6.4	21	16	4.8

鸡鸣驿

续表

房屋区域编号	编号	明代尺寸核算 一进院 长		一进院 宽		二进院 长		二进院 宽		三进院 长		三进院 宽		总和 长		总和 宽	
C	166	20	6.1	21	6.4									20	6.1	21	6.4
	167	26	7.9	21	6.4	9	2.7	21	6.4					35	10.6	21	6.4
	168	27	8.2	11	3.3									27	8.2	11	3.3
	169	26	7.9	12	3.6									26	7.9	12	3.6
	170	25	7.6	14	4.2									25	7.6	14	4.2
	171	33	10.0	14	4.2									33	10.0	14	4.2
	172	31	9.4	11	3.3									31	9.4	11	3.3
	173	28	8.5	16	4.8									28	8.5	16	4.8
	174	24	7.3	16	4.8	19	5.8	16	4.8					43	13.0	16	4.8
	175	34	10.3	16	4.8									34	10.3	16	4.8
	176	30	9.1	9	2.7									30	9.1	9	2.7
	177	20	6.1	8	2.4									20	6.1	8	2.4
	178	30	9.1	18	5.5									30	9.1	18	5.5
	179	18	5.5	10	3.0									18	5.5	10	3.0
	180	31	9.4	10	3.0									31	9.4	10	3.0
	181	30	9.1	12	3.6									30	9.1	12	3.6
	182	28	8.5	11	3.3									28	8.5	11	3.3
	183	28	8.5	11	3.3									28	8.5	11	3.3
D	184	23	7.0	24	7.3									23	7.0	24	7.3
	185	20	6.1	22	6.7									20	6.1	22	6.7
	186	35	10.6	20	6.1									35	10.6	20	6.1
	187	32	9.7	13	3.9									32	9.7	13	3.9
	188	43	13.0	17	5.2									43	13.0	17	5.2
	189	28	8.5	20	6.1									28	8.5	20	6.1
	190	32	9.7	17	5.2									32	9.7	17	5.2
	191	29	8.8	22	6.7									29	8.8	22	6.7
	192	25	7.6	15	4.5									25	7.6	15	4.5
	193	26	7.9	16	4.8									26	7.9	16	4.8
	194	21	6.4	12	3.6									21	6.4	12	3.6
	195	21	6.4	13	3.9									21	6.4	13	3.9
	196	24	7.3	14	4.2									24	7.3	14	4.2
	197	21	6.4	11	3.3									21	6.4	11	3.3
	198	17	5.2	11	3.3									17	5.2	11	3.3

鸡鸣驿

续表

明代尺寸核算

（表中各进院及总和的"长"、"宽"栏内数值为"明尺／米"两组数据）

房屋区域编号	编号	一进院 长	一进院 宽	二进院 长	二进院 宽	三进院 长	三进院 宽	总和 长	总和 宽
鸡鸣驿 D	199	15 / 4.5	22 / 6.7					15 / 4.5	22 / 6.7
	200	26 / 7.9	16 / 4.8	8 / 2.4	16 / 4.8			34 / 10.3	16 / 4.8
	201	22 / 6.7	13 / 3.9					22 / 6.7	13 / 3.9
	202	18 / 5.5	20 / 6.1					18 / 5.5	20 / 6.1
	203	22 / 6.7	18 / 5.5					22 / 6.7	18 / 5.5
	204	28 / 8.5	18 / 5.5					28 / 8.5	18 / 5.5
	205	29 / 8.8	12 / 3.6					29 / 8.8	12 / 3.6
	206	26 / 7.9	14 / 4.2					26 / 7.9	14 / 4.2
	207	24 / 7.3	17 / 5.2					24 / 7.3	17 / 5.2
	208	25 / 7.6	12 / 3.6					25 / 7.6	12 / 3.6
	209	26 / 7.9	17 / 5.2					26 / 7.9	17 / 5.2
	210	15 / 4.5	17 / 5.2					15 / 4.5	17 / 5.2
	211	19 / 5.8	20 / 6.1	24 / 7.3	20 / 6.1			43 / 13.0	20 / 6.1
	212	16 / 4.8	13 / 3.9					16 / 4.8	13 / 3.9
	213	22 / 6.7	13 / 3.9					22 / 6.7	13 / 3.9
	214	21 / 6.4	15 / 4.5	17 / 5.2	15 / 4.5			38 / 11.5	15 / 4.5
	215	27 / 8.2	19 / 5.8	11 / 3.3	19 / 5.8			38 / 11.5	19 / 5.8
E	216	19 / 5.8	17 / 5.2					19 / 5.8	17 / 5.2
	217	21 / 6.4	13 / 3.9					21 / 6.4	13 / 3.9
	218	19 / 5.8	11 / 3.3					19 / 5.8	11 / 3.3
	219	22 / 6.7	11 / 3.3					22 / 6.7	11 / 3.3
	220	22 / 6.7	13 / 3.9					22 / 6.7	13 / 3.9
	221	21 / 6.4	12 / 3.6					21 / 6.4	12 / 3.6
	222	22 / 6.7	14 / 4.2					22 / 6.7	14 / 4.2
	223	24 / 7.3	13 / 3.9					24 / 7.3	13 / 3.9
	224	18 / 5.5	17 / 5.2					18 / 5.5	17 / 5.2
	225	18 / 5.5	13 / 3.9					18 / 5.5	13 / 3.9
	226	24 / 7.3	13 / 3.9					24 / 7.3	13 / 3.9
	227	29 / 8.8	21 / 6.4					29 / 8.8	21 / 6.4
	228	28 / 8.5	14 / 4.2					28 / 8.5	14 / 4.2
	229	31 / 9.4	17 / 5.2					31 / 9.4	17 / 5.2
	230	23 / 7.0	15 / 4.5					23 / 7.0	15 / 4.5
	231	25 / 7.6	16 / 4.8					25 / 7.6	16 / 4.8

续表

明代尺寸核算

驿站	房屋区域编号	编号	一进院 长	一进院 宽	二进院 长	二进院 宽	三进院 长	三进院 宽	总和 长	总和 宽
鸡鸣驿	E	232	28 / 8.5	22 / 6.7					28 / 8.5	22 / 6.7
		233	28 / 8.5	14 / 4.2					28 / 8.5	14 / 4.2
		234	28 / 8.5	13 / 3.9					28 / 8.5	13 / 3.9
		235	27 / 8.2	12 / 3.6					27 / 8.2	12 / 3.6
		236	24 / 7.3	10 / 3.0					24 / 7.3	10 / 3.0
		237	25 / 7.6	13 / 3.9					25 / 7.6	13 / 3.9
		238	24 / 7.3	16 / 4.8					24 / 7.3	16 / 4.8
		239	24 / 7.3	21 / 6.4					24 / 7.3	21 / 6.4
		240	27 / 8.2	17 / 5.2					27 / 8.2	17 / 5.2
		241	29 / 8.8	15 / 4.5					29 / 8.8	15 / 4.5
		242	27 / 8.2	15 / 4.5					27 / 8.2	15 / 4.5
	F	243	22 / 6.7	16 / 4.8	19 / 5.8	16 / 4.8	11 / 3.3	16 / 4.8	52 / 15.8	16 / 4.8
		244	24 / 7.3	22 / 6.7					24 / 7.3	22 / 6.7
		245	26 / 7.9	16 / 4.8					26 / 7.9	16 / 4.8
		246	25 / 7.6	15 / 4.5					25 / 7.6	15 / 4.5
		247	24 / 7.3	16 / 4.8					24 / 7.3	16 / 4.8
		248	20 / 6.1	25 / 7.6					20 / 6.1	25 / 7.6
		249	31 / 9.4	27 / 8.2					31 / 9.4	27 / 8.2
		250	28 / 8.5	29 / 8.8					28 / 8.5	29 / 8.8
		251	30 / 9.1	18 / 5.5					30 / 9.1	18 / 5.5
		252	20 / 6.1	21 / 6.4					20 / 6.1	21 / 6.4
		253	19 / 5.8	18 / 5.5					19 / 5.8	18 / 5.5
		254	22 / 6.7	11 / 3.3					22 / 6.7	11 / 3.3
		255	22 / 6.7	11 / 3.3					22 / 6.7	11 / 3.3
		256	25 / 7.6	18 / 5.5					25 / 7.6	18 / 5.5
		257	29 / 8.8	17 / 5.2					29 / 8.8	17 / 5.2
		258	19 / 5.8	18 / 5.5					19 / 5.8	18 / 5.5
		259	16 / 4.8	17 / 5.2					16 / 4.8	17 / 5.2
		260	33 / 10.0	18 / 5.5					33 / 10.0	18 / 5.5
		261	29 / 8.8	21 / 6.4					29 / 8.8	21 / 6.4
		262	31 / 9.4	22 / 6.7					31 / 9.4	22 / 6.7
		263	26 / 7.9	19 / 5.8	14 / 4.2	19 / 5.8			40 / 12.1	19 / 5.8
		264	21 / 6.4	20 / 6.1					21 / 6.4	20 / 6.1

续表

明代尺寸核算

房屋区域编号	编号	一进院 长		宽		二进院 长		宽		三进院 长	宽	总和 长		宽	
	265	21	6.4	15	4.5							21	6.4	15	4.5
	266	35	10.6	23	7.0							35	10.6	23	7.0
	267	35	10.6	28	8.5							35	10.6	28	8.5
	268	26	7.9	15	4.5							26	7.9	15	4.5
	269	35	10.6	18	5.5							35	10.6	18	5.5
	270	22	6.7	26	7.9							22	6.7	26	7.9
	271	26	7.9	12	3.6							26	7.9	12	3.6
	272	23	7.0	18	5.5							23	7.0	18	5.5
	273	24	7.3	18	5.5							24	7.3	18	5.5
	274	20	6.1	19	5.8							20	6.1	19	5.8
	275	19	5.8	20	6.1							19	5.8	20	6.1
	276	33	10.0	22	6.7							33	10.0	22	6.7
	277	27	8.2	17	5.2							27	8.2	17	5.2
	278	20	6.1	17	5.2							20	6.1	17	5.2
	279	26	7.9	27	8.2							26	7.9	27	8.2
F 鸡鸣驿	280	20	6.1	15	4.5							20	6.1	15	4.5
	281	25	7.6	14	4.2	22	6.7	14	4.2			47	14.2	14	4.2
	282	25	7.6	12	3.6	21	6.4	12	3.6			46	13.9	12	3.6
	283	31	9.4	22	6.7							31	9.4	22	6.7
	284	28	8.5	20	6.1							28	8.5	20	6.1
	285	21	6.4	19	5.8							21	6.4	19	5.8
	286	26	7.9	21	6.4							26	7.9	21	6.4
	287	29	8.8	20	6.1							29	8.8	20	6.1
	288	24	7.3	14	4.2							24	7.3	14	4.2
	289	24	7.3	19	5.8							24	7.3	19	5.8
	290	20	6.1	13	3.9							20	6.1	13	3.9
	291	20	6.1	11	3.3							20	6.1	11	3.3

清代尺寸核算

房屋区域编号		编号	一进院 长		宽		二进院 长		宽		三进院 长		宽		总和 长		宽	
			米	丈	米	丈	米	丈	米	丈	米	丈	米	丈	米	丈	米	丈
鸡鸣驿	A	1	28	8.0	13	3.7									28	8.0	13	3.7
		2	31	8.9	18	5.1									31	8.9	18	5.1
		3	17	4.9	17	4.9	19	5.4	17	4.9	13	3.7	17	4.9	49	14.0	17	4.9
		4	19	5.4	23	6.6									19	5.4	23	6.6
		5	32	9.1	16	4.6									32	9.1	16	4.6
		6	27	7.7	9	2.6									27	7.7	9	2.6
		7	21	6.0	9	2.6	21	6.0	9	2.6					42	12.0	9	2.6
		8	28	8.0	10	2.9	32	9.1	10	2.9					60	17.1	10	2.9
		9	24	6.9	14	4.0									24	6.9	14	4.0
		10	32	9.1	10	2.9									32	9.1	10	2.9
		11	31	8.9	18	5.1									31	8.9	18	5.1
		12	35	10.0	22	6.3									35	10.0	22	6.3
		13	19	5.4	19	5.4									19	5.4	19	5.4
		14	30	8.6	18	5.1									30	8.6	18	5.1
		15	34	9.7	18	5.1									34	9.7	18	5.1
		16	33	9.4	18	5.1									33	9.4	18	5.1
		17	31	8.9	18	5.1									31	8.9	18	5.1
		18	31	8.9	16	4.6									31	8.9	16	4.6
		19	22	6.3	9	2.6									22	6.3	9	2.6
		20	22	6.3	13	3.7									22	6.3	13	3.7
		21	25	7.1	9	2.6									25	7.1	9	2.6
		22	25	7.1	18	5.1									25	7.1	18	5.1
		23	17	4.9	22	6.3									17	4.9	22	6.3
		24	19	5.4	21	6.0	14	4.0	21	6.0					33	9.4	21	6.0
		25	26	7.4	31	8.9									26	7.4	31	8.9
		26	27	7.7	26	7.4									27	7.7	26	7.4
		27	27	7.7	11	3.1									27	7.7	11	3.1
		28	25	7.1	15	4.3									25	7.1	15	4.3
		29	24	6.9	14	4.0									24	6.9	14	4.0
		30	25	7.1	11	3.1									25	7.1	11	3.1
		31	25	7.1	12	3.4									25	7.1	12	3.4
		32	26	7.4	12	3.4									26	7.4	12	3.4
		33	29	8.3	13	3.7									29	8.3	13	3.7
		34	30	8.6	12	3.4									30	8.6	12	3.4
		35	20	5.7	11	3.1									20	5.7	11	3.1
		36	26	7.4	11	3.1									26	7.4	11	3.1
		37	24	6.9	14	4.0									24	6.9	14	4.0
		38	25	7.1	18	5.1									25	7.1	18	5.1
		39	23	6.6	13	3.7									23	6.6	13	3.7
		40	23	6.6	11	3.1									23	6.6	11	3.1
		41	22	6.3	11	3.1									22	6.3	11	3.1
		42	19	5.4	10	2.9									19	5.4	10	2.9
		43	26	7.4	13	3.7									26	7.4	13	3.7
		44	21	6.0	15	4.3									21	6.0	15	4.3
		45	28	8.0	18	5.1									28	8.0	18	5.1
		46	17	4.9	18	5.1									17	4.9	18	5.1
	B	47	15	4.3	20	5.7									15	4.3	20	5.7
		48	25	7.1	15	4.3									25	7.1	15	4.3
		49	25	7.1	12	3.4									25	7.1	12	3.4
		50	16	4.6	16	4.6	14	4.0	16	4.6	17	4.9	16	4.6	47	13.4	16	4.6
		51	31	8.9	17	4.9	13	3.7	17	4.9					44	12.6	17	4.9

续表

清代尺寸核算																		
房屋区域编号			一进院				二进院				三进院				总和			
	编号		长		宽		长		宽		长		宽		长		宽	
鸡鸣驿	B	52	28	8.0	15	4.3	22	6.3	15	4.3					50	14.3	15	4.3
		53	20	5.7	12	3.4									20	5.7	12	3.4
		54	23	6.6	14	4.0									23	6.6	14	4.0
		55	22	6.3	15	4.3									22	6.3	15	4.3
		56	22	6.3	17	4.9									22	6.3	17	4.9
		57	19	5.4	17	4.9									19	5.4	17	4.9
		58	21	6.0	23	6.6									21	6.0	23	6.6
		59	18	5.1	23	6.6									18	5.1	23	6.6
		60	29	8.3	19	5.4	13	3.7	19	5.4					42	12.0	19	5.4
		61	24	6.9	14	4.0									24	6.9	14	4.0
		62	19	5.4	19	5.4									19	5.4	19	5.4
		63	26	7.4	20	5.7									26	7.4	20	5.7
		64	30	8.6	20	5.7									30	8.6	20	5.7
		65	18	5.1	15	4.3	18	5.1	15	4.3					36	10.3	15	4.3
		66	32	9.1	15	4.3									32	9.1	15	4.3
		67	14	4.0	13	3.7									14	4.0	13	3.7
		68	21	6.0	14	4.0									21	6.0	14	4.0
		69	22	6.3	14	4.0									22	6.3	14	4.0
		70	16	4.6	10	2.9									16	4.6	10	2.9
		71	23	6.6	17	4.9									23	6.6	17	4.9
		72	17	4.9	10	2.9									17	4.9	10	2.9
		73	27	7.7	14	4.0									27	7.7	14	4.0
		74	23	6.6	13	3.7									23	6.6	13	3.7
		75	20	5.7	22	6.3									20	5.7	22	6.3
		76	26	7.4	21	6.0									26	7.4	21	6.0
		77	20	5.7	11	3.1									20	5.7	11	3.1
		78	27	7.7	11	3.1									27	7.7	11	3.1
		79	18	5.1	17	4.9									18	5.1	17	4.9
		80	20	5.7	16	4.6	6	1.7	16	4.6					26	7.4	16	4.6
		81	25	7.1	13	3.7									25	7.1	13	3.7
		82	22	6.3	21	6.0	13	3.7	21	6.0					35	10.0	21	6.0
		83	20	5.7	16	4.6									20	5.7	16	4.6
		84	19	5.4	21	6.0									19	5.4	21	6.0
		85	24	6.9	17	4.9	26	7.4	17	4.9					50	14.3	17	4.9
		86	16	4.6	19	5.4									16	4.6	19	5.4
		87	20	5.7	13	3.7									20	5.7	13	3.7
		88	18	5.1	16	4.6									18	5.1	16	4.6
		89	16	4.6	17	4.9									16	4.6	17	4.9
		90	12	3.4	11	3.1									12	3.4	11	3.1
		91	22	6.3	10	2.9									22	6.3	10	2.9
		92	13	3.7	10	2.9									13	3.7	10	2.9
		93	22	6.3	10	2.9									22	6.3	10	2.9
		94	14	4.0	12	3.4									14	4.0	12	3.4
		95	22	6.3	15	4.3									22	6.3	15	4.3
		96	25	7.1	13	3.7									25	7.1	13	3.7
		97	22	6.3	16	4.6									22	6.3	16	4.6
		98	17	4.9	18	5.1									17	4.9	18	5.1
		99	31	8.9	19	5.4									31	8.9	19	5.4
		100	17	4.9	14	4.0									17	4.9	14	4.0
		101	23	6.6	14	4.0									23	6.6	14	4.0

续表

清代尺寸核算

房屋区域编号		编号	一进院 长		宽		二进院 长		宽		三进院 长		宽		总和 长		宽	
鸡鸣驿	B	102	24	6.9	14	4.0									24	6.9	14	4.0
		103	22	6.3	11	3.1									22	6.3	11	3.1
		104	21	6.0	14	4.0									21	6.0	14	4.0
		105	27	7.7	11	3.1									27	7.7	11	3.1
		106	24	6.9	14	4.0	24	6.9	14	4.0					48	13.7	14	4.0
		107	17	4.9	15	4.3									17	4.9	15	4.3
		108	13	3.7	17	4.9									13	3.7	17	4.9
		109	17	4.9	17	4.9									17	4.9	17	4.9
		110	18	5.1	16	4.6									18	5.1	16	4.6
		111	15	4.3	15	4.3									15	4.3	15	4.3
		112	15	4.3	10	2.9									15	4.3	10	2.9
		113	16	4.6	18	5.1									16	4.6	18	5.1
		114	23	6.6	12	3.4									23	6.6	12	3.4
		115	15	4.3	16	4.6									15	4.3	16	4.6
		116	22	6.3	15	4.3									22	6.3	15	4.3
		117	20	5.7	12	3.4									20	5.7	12	3.4
		118	20	5.7	22	6.3									20	5.7	22	6.3
		119	24	6.9	20	5.7									24	6.9	20	5.7
		120	24	6.9	20	5.7									24	6.9	20	5.7
		121	31	8.9	20	5.7									31	8.9	20	5.7
		122	21	6.0	22	6.3									21	6.0	22	6.3
		123	32	9.1	18	5.1									32	9.1	18	5.1
		124	29	8.3	21	6.0									29	8.3	21	6.0
		125	22	6.3	20	5.7									22	6.3	20	5.7
		126	22	6.3	22	6.3									22	6.3	22	6.3
		127	21	6.0	20	5.7									21	6.0	20	5.7
		128	21	6.0	18	5.1									21	6.0	18	5.1
		129	24	6.9	13	3.7									24	6.9	13	3.7
		130	18	5.1	9	2.6									18	5.1	9	2.6
		131	22	6.3	10	2.9									22	6.3	10	2.9
		132	17	4.9	13	3.7									17	4.9	13	3.7
		133	25	7.1	18	5.1									25	7.1	18	5.1
		134	14	4.0	10	2.9									14	4.0	10	2.9
		135	26	7.4	19	5.4									26	7.4	19	5.4
		136	17	4.9	25	7.1									17	4.9	25	7.1
		137	18	5.1	16	4.6	16	4.6	16	4.6	9	2.6	16	4.6	43	12.3	16	4.6
		138	25	7.1	13	3.7	15	4.3	13	3.7					40	11.4	13	3.7
	C	139	16	4.6	11	3.1	18	5.1	11	3.1					34	9.7	11	3.1
		140	17	4.9	16	4.6	16	4.6	16	4.6					33	9.4	16	4.6
		141	17	4.9	13	3.7	16	4.6	13	3.7					33	9.4	13	3.7
		142	24	6.9	14	4.0	10	2.9	14	4.0					34	9.7	14	4.0
		143	21	6.0	20	5.7	20	5.7	20	5.7	12	3.4	20	5.7	53	15.1	20	5.7
		144	21	6.0	11	3.1	16	4.6	11	3.1	6	1.7	11	3.1	43	12.3	11	3.1
		145	23	6.6	16	4.6	25	7.1	16	4.6	10	2.9	16	4.6	58	16.6	16	4.6
		146	19	5.4	16	4.6	21	6.0	16	4.6					40	11.4	16	4.6
		147	17	4.9	16	4.6	21	6.0	16	4.6					38	10.9	16	4.6
		148	22	6.3	14	4.0									22	6.3	14	4.0
		149	26	7.4	14	4.0	20	5.7	14	4.0	11	3.1	14	4.0	57	16.3	14	4.0
		150	20	5.7	15	4.3	20	5.7	15	4.3					40	11.4	15	4.3
		151	20	5.7	14	4.0	19	5.4	14	4.0	6	1.7	14	4.0	45	12.9	14	4.0

续表

房屋区域编号		一进院		二进院		三进院		总和	
	编号	长	宽	长	宽	长	宽	长	宽
C	152	28	8.0	22	6.3					28	8.0	22	6.3
	153	19	5.4	20	5.7	19	5.4	20	5.7			38	10.9	20	5.7
	154	24	6.9	24	6.9					24	6.9	24	6.9
	155	19	5.4	22	6.3					19	5.4	22	6.3
	156	27	7.7	14	4.0					27	7.7	14	4.0
	157	26	7.4	16	4.6					26	7.4	16	4.6
	158	26	7.4	24	6.9					26	7.4	24	6.9
	159	28	8.0	15	4.3					28	8.0	15	4.3
	160	17	4.9	19	5.4					17	4.9	19	5.4
	161	20	5.7	20	5.7					20	5.7	20	5.7
	162	24	6.9	11	3.1					24	6.9	11	3.1
	163	23	6.6	9	2.6					23	6.6	9	2.6
	164	23	6.6	12	3.4					23	6.6	12	3.4
	165	21	6.0	16	4.6					21	6.0	16	4.6
	166	20	5.7	21	6.0					20	5.7	21	6.0
	167	26	7.4	21	6.0	9	2.6	21	6.0			35	10.0	21	6.0
D	168	27	7.7	11	3.1					27	7.7	11	3.1
	169	26	7.4	12	3.4					26	7.4	12	3.4
	170	25	7.1	14	4.0					25	7.1	14	4.0
	171	33	9.4	14	4.0					33	9.4	14	4.0
	172	31	8.9	11	3.1					31	8.9	11	3.1
	173	28	8.0	16	4.6					28	8.0	16	4.6
	174	24	6.9	16	4.6	19	5.4	16	4.6			43	12.3	16	4.6
	175	34	9.7	16	4.6					34	9.7	16	4.6
	176	30	8.6	9	2.6					30	8.6	9	2.6
	177	20	5.7	8	2.3					20	5.7	8	2.3
	178	30	8.6	18	5.1					30	8.6	18	5.1
	179	18	5.1	10	2.9					18	5.1	10	2.9
	180	31	8.9	10	2.9					31	8.9	10	2.9
	181	30	8.6	12	3.4					30	8.6	12	3.4
	182	28	8.0	11	3.1					28	8.0	11	3.1
	183	28	8.0	11	3.1					28	8.0	11	3.1
	184	23	6.6	24	6.9					23	6.6	24	6.9
	185	20	5.7	22	6.3					20	5.7	22	6.3
	186	35	10.0	20	5.7					35	10.0	20	5.7
	187	32	9.1	13	3.7					32	9.1	13	3.7
	188	43	12.3	17	4.9					43	12.3	17	4.9
	189	28	8.0	20	5.7					28	8.0	20	5.7
	190	32	9.1	17	4.9					32	9.1	17	4.9
	191	29	8.3	22	6.3					29	8.3	22	6.3
	192	25	7.1	15	4.3					25	7.1	15	4.3
	193	26	7.4	16	4.6					26	7.4	16	4.6
	194	21	6.0	12	3.4					21	6.0	12	3.4
	195	21	6.0	13	3.7					21	6.0	13	3.7
	196	24	6.9	14	4.0					24	6.9	14	4.0
	197	21	6.0	11	3.1					21	6.0	11	3.1
	198	17	4.9	11	3.1					17	4.9	11	3.1
	199	15	4.3	22	6.3					15	4.3	22	6.3
	200	26	7.4	16	4.6	8	2.3	16	4.6			34	9.7	16	4.6
	201	22	6.3	13	3.7					22	6.3	13	3.7

鸡鸣驿

续表

清代尺寸核算

房屋区域编号		编号	一进院 长		宽		二进院 长		宽		三进院 长		宽		总和 长		宽	
鸡鸣驿	D	202	18	5.1	20	5.7									18	5.1	20	5.7
		203	22	6.3	18	5.1									22	6.3	18	5.1
		204	28	8.0	18	5.1									28	8.0	18	5.1
		205	29	8.3	12	3.4									29	8.3	12	3.4
		206	26	7.4	14	4.0									26	7.4	14	4.0
		207	24	6.9	17	4.9									24	6.9	17	4.9
		208	25	7.1	12	3.4									25	7.1	12	3.4
		209	26	7.4	17	4.9									26	7.4	17	4.9
		210	15	4.3	17	4.9									15	4.3	17	4.9
		211	19	5.4	20	5.7	24	6.9	20	5.7					43	12.3	20	5.7
		212	16	4.6	13	3.7									16	4.6	13	3.7
		213	22	6.3	13	3.7									22	6.3	13	3.7
		214	21	6.0	15	4.3	17	4.9	15	4.3					38	10.9	15	4.3
		215	27	7.7	19	5.4	11	3.1	19	5.4					38	10.9	19	5.4
	F	216	19	5.4	17	4.9									19	5.4	17	4.9
		217	21	6.0	13	3.7									21	6.0	13	3.7
		218	19	5.4	11	3.1									19	5.4	11	3.1
		219	22	6.3	11	3.1									22	6.3	11	3.1
		220	22	6.3	13	3.7									22	6.3	13	3.7
		221	21	6.0	12	3.4									21	6.0	12	3.4
		222	22	6.3	14	4.0									22	6.3	14	4.0
		223	24	6.9	13	3.7									24	6.9	13	3.7
		224	18	5.1	17	4.9									18	5.1	17	4.9
		225	18	5.1	13	3.7									18	5.1	13	3.7
		226	24	6.9	13	3.7									24	6.9	13	3.7
		227	29	8.3	21	6.0									29	8.3	21	6.0
		228	28	8.0	14	4.0									28	8.0	14	4.0
		229	31	8.9	17	4.9									31	8.9	17	4.9
		230	23	6.6	15	4.3									23	6.6	15	4.3
		231	25	7.1	16	4.6									25	7.1	16	4.6
		232	28	8.0	22	6.3									28	8.0	22	6.3
		233	28	8.0	14	4.0									28	8.0	14	4.0
		234	28	8.0	13	3.7									28	8.0	13	3.7
		235	27	7.7	12	3.4									27	7.7	12	3.4
		236	24	6.9	10	2.9									24	6.9	10	2.9
		237	25	7.1	13	3.7									25	7.1	13	3.7
		238	24	6.9	16	4.6									24	6.9	16	4.6
		239	24	6.9	21	6.0									24	6.9	21	6.0
		240	27	7.7	17	4.9									27	7.7	17	4.9
		241	29	8.3	15	4.3									29	8.3	15	4.3
		242	27	7.7	15	4.3									27	7.7	15	4.3
	G	243	22	6.3	16	4.6	19	5.4	16	4.6	11	3.1	16	4.6	52	14.9	16	4.6
		244	24	6.9	22	6.3									24	6.9	22	6.3
		245	26	7.4	16	4.6									26	7.4	16	4.6
		246	25	7.1	15	4.3									25	7.1	15	4.3
		247	24	6.9	16	4.6									24	6.9	16	4.6
		248	20	5.7	25	7.1									20	5.7	25	7.1
		249	31	8.9	27	7.7									31	8.9	27	7.7
		250	28	8.0	29	8.3									28	8.0	29	8.3
		251	30	8.6	18	5.1									30	8.6	18	5.1

续表

清代尺寸核算																	
房屋区域编号			一进院				二进院				三进院				总和			
	编号	长		宽		长		宽		长		宽		长		宽		
鸡鸣驿	G	252	20	5.7	21	6.0									20	5.7	21	6.0
		253	19	5.4	18	5.1									19	5.4	18	5.1
		254	22	6.3	11	3.1									22	6.3	11	3.1
		255	22	6.3	11	3.1									22	6.3	11	3.1
		256	25	7.1	18	5.1									25	7.1	18	5.1
		257	29	8.3	17	4.9									29	8.3	17	4.9
		258	19	5.4	18	5.1									19	5.4	18	5.1
		259	16	4.6	17	4.9									16	4.6	17	4.9
		260	33	9.4	18	5.1									33	9.4	18	5.1
		261	29	8.3	21	6.0									29	8.3	21	6.0
		262	31	8.9	22	6.3									31	8.9	22	6.3
		263	26	7.4	19	5.4	14	4.0	19	5.4					40	11.4	19	5.4
		264	21	6.0	20	5.7									21	6.0	20	5.7
		265	21	6.0	15	4.3									21	6.0	15	4.3
		266	35	10.0	23	6.6									35	10.0	23	6.6
		267	35	10.0	28	8.0									35	10.0	28	8.0
		268	26	7.4	15	4.3									26	7.4	15	4.3
		269	35	10.0	18	5.1									35	10.0	18	5.1
		270	22	6.3	26	7.4									22	6.3	26	7.4
		271	26	7.4	12	3.4									26	7.4	12	3.4
		272	23	6.6	18	5.1									23	6.6	18	5.1
		273	24	6.9	18	5.1									24	6.9	18	5.1
		274	20	5.7	19	5.4									20	5.7	19	5.4
		275	19	5.4	20	5.7									19	5.4	20	5.7
		276	33	9.4	22	6.3									33	9.4	22	6.3
		277	27	7.7	17	4.9									27	7.7	17	4.9
		278	20	5.7	17	4.9									20	5.7	17	4.9
		279	26	7.4	27	7.7									26	7.4	27	7.7
		280	20	5.7	15	4.3									20	5.7	15	4.3
		281	25	7.1	14	4.0	22	6.3	14	4.0					47	13.4	14	4.0
		282	25	7.1	12	3.4	21	6.0	12	3.4					46	13.1	12	3.4
		283	31	8.9	22	6.3									31	8.9	22	6.3
		284	28	8.0	20	5.7									28	8.0	20	5.7
		285	21	6.0	19	5.4									21	6.0	19	5.4
		286	26	7.4	21	6.0									26	7.4	21	6.0
		287	29	8.3	20	5.7									29	8.3	20	5.7
		288	24	6.9	14	4.0									24	6.9	14	4.0
		289	24	6.9	19	5.4									24	6.9	19	5.4
		290	20	5.7	13	3.7									20	5.7	13	3.7
		291	20	5.7	11	3.1									20	5.7	11	3.1

参考文献

1. 专著、论文集、学位论文、报告

[1] 贾东. 中西建筑十五讲[M]. 北京：中国建筑工业出版社，2013.

[2] 业祖润. 中国民居建筑丛书北京民居[M]. 天津：天津大学出版社，1999.

[3] 马炳坚. 北京四合院建筑[M]. 北京：中国建筑工业出版社，2010.

[4] 薛林平. 北京传统村落[M]. 北京：中国建筑工业出版社，2015.

[5] 贾珺，罗德胤，李秋香. 北方民居[M]. 北京：清华大学出版社，2010.

[6] 赵玉春. 北京四合院传统营造技艺[M]安徽：安徽科学技术出版社，2013.

[7] 杨正泰. 明代驿站考[M]. 上海：上海古籍出版社，2006.

[8] 王子今. 驿道史话［M］. 北京：社会科学文献出版社，2011.

[9] 张晓军. 驿骑星流——中国驿站新考［M］. 北京：中国友谊出版公司，2013.

[10] 黄欢. 明代长城防御体系之辽东镇卫所城市研究［D］. 南京：东南大学，2007.

[11] 常军富. 明长城大同镇段的墙体材料与构造研究［D］. 南京：东南大学，2010.

[12] 孙弘扬. 延庆地区传统堡寨型聚落形态及保护策略研究［D］. 北京：北京建筑大学，2015.

2. 期刊文章

[13] 刘莹，贾东. 榆林堡驿站古城村落布局与院落模块关系研究［J］. 华中建筑，2015，7.

[14] 王灿炽. 北京地区现存最大的古驿站遗址——榆林堡驿站初探［J］. 北京社会科学，1998，1.

[15] 王绚，侯鑫. 传统堡寨聚落形态溯源［J］. 中国文物学会：第十六届中国民居学术会议，2008.

[16] 谭立峰. 张玉坤. 辛同升. 村堡规划的模数制研究［J］. 城市规划. 2009. 6.

[17] 薛林平. 北京市延庆县榆林堡研究［J］. 中国名城，2014. 9：68-72.

[18] 胡英娜，张玉坤. 张壁古堡之里坊模式探析［J］. 建筑历史. 2006年第24卷.

[19] 辛塞波. 特定文化结构下传统聚落特征考略——以河北怀来鸡鸣驿为例［J］. 建筑学报，2009，S2.

3. 电子文献

[20] 康庄镇. 榆林堡村庄宜居-延庆县康庄镇［EB/OL］. http：//kzz．bjyq．gov．cn/sy/kzcs/2013-10-17-436．html.

后　记

我想把这一篇后记写成一篇感谢致辞。

1984年，北方工业大学邀请清华大学建筑学教授汪国瑜先生成立建筑学部（后为建筑学院），汪先生在两个学校的支持下，积极进行师资队伍建设，借助清华大学的培养方案，陆续筹建了工民建专业和建筑学专业，是为北方工业大学土建类专业建设之肇始。

北方工业大学建筑学专业建设，源自清华大学，立足北方工业大学，汇聚了来自五湖四海、以国内老八校为主的建筑学专业同仁，从1989年招收第一批建筑学专业学生开始，至今（2019年），已有三十年招生培养历史。北方工业大学建筑学专业，2008年通过本科评估，2014年通过硕士评估，三十年来，为国家经济发展特别是首都城乡建设培养了一批专业人才，专业建设成果累累。注重实践，注重创新，注重学生分析复杂的建筑城市景观问题，并以建筑设计为主要手段解决复杂的工程问题，是北方工业大学建筑学专业一贯秉承学术研究与专业培养主线。

近十余年来，我自己陆续撰写、编著了几本书，是自己在北方工业大学建筑学专业进行学术研究和教学实践的心得和总结；自己也有幸，主编了几套学术研究和教学实践的丛书，这些丛书小计有三十余本，以近十年来北方工业大学建筑类专业同仁进行学术研究和教学实践的心得和总结为主，今皆陆续由中国建筑工业出版社出版。

首先，要感谢前辈和学长通过自己的呕心沥血和敬业付出为北方工业大学建筑学专业所留下的优良传统。汪国瑜先生，我在清华大学本科在读期间曾听过他讲的课，看过他给我们学生站立两小时做的碳条草图示范；王丛安先生，我们曾一起在老建工楼那座二层小楼里教授过本科一年级和二年级；刘茂华先生，在他设计的第三教学楼阶梯教室里，他站立讲授四个课时的住宅设计，在黑板上书写画图的情景，至今历历在目；陈穗老师，每一节课的讲授都充满了激情，那一次去听他讲的城市规划原理，他在课堂上洪亮的声音，至今还耳畔回响；胡应平老师和张伟一老师，是我的两位学长，胡老师担任过学院院长，张老师担任过学院书记，他们两位至今还坚持在建筑学专业教学一线。

第二，我要感谢我的同事，他们既是这几套丛书的主要编撰者，更为我得以专心致志主编这几套丛书提供了有力的保障。2014年秋季至2019年春季，我担任建筑与艺术学院院长，张勃老师、白传栋老师、杨超老师同为班子成员，我们团结一心，互相帮助，他们三位承担了很多事务工作，也使我得以有精力主编好这几套丛书；卜德清老师、王小斌老师、宋效巍老师、蒋玲老师、潘明率老师、马欣老师、杨绪波老师等编撰者是多年一起上课、一起做教学研究、一起做学术研究的老同事；杨鑫老师自北京林业大学博士毕业入校工作多年来，很大一部分精力在这几套丛书的事务工作上；王新征老师既是丛书编撰者之一，同时也是本书之基本素材，刘莹同学的硕士论文的共同指导老师。

第三，我要感谢我教过的同学们。北方工业大学建筑学专业的同学们勤奋好学、扎实肯干，很好地秉承了严肃、严格、严谨的校风，他们也给了我做学术研究和进行教学实践很大的动力。刘莹同学就是其中的一位，本书的基本素材源自于其在老师指导下的硕士论文，我们师生四人（贾东、王瑞峰、吴宇晨、刘莹）去榆林堡调研时，刘莹同学的父母和她的亲戚朋友还有老师同学的热情让我们难忘，在此一并致谢。

因刘莹同学在其整个研究过程中，独立承担的内容多、过程难、成果好，老师经过慎重考虑，请其作为该书的第一作者，老师作为第二作者。

最后的致谢，要隆重地致给中国建筑工业出版社的领导和朋友们。

编辑部的李东禧老师、唐旭老师，我们相识很久，彼此一直以老师互称，既是一种工作上的尊重，更是源于对建筑与建筑教育的共同理解与共同认识；吴绫、张华、吴佳几位编辑，见面不多，但编辑们的勤勉努力与投入敬业，给我留下了很深、很好的印象。真诚地感谢中国建筑工业出版社的领导和朋友们！

旧时不再，新时欣然。愿北方工业大学建筑学专业学术研究与教学实践，不忘初心，砥砺前行，更好地迈进新时代，更好地为新时代服务。

贾东

北方工业大学　教授

于北京